geogebra.com

지오지브라

애플릿과 함께하는

수학

― 평면기하의 발견적 접근 ―

장경윤 나숙정 김경용 지음

지오북스

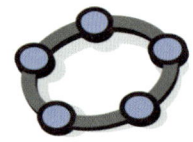

평면기하의 발견적 접근
지오지브라 애플릿과 함께하는 수학

초판발행	2024년 5월 1일
저 자	장경윤 나숙정 김경용
펴낸곳	지오북스
등 록	2016년 3월 7일 제395-2016-000014호
전 화	02)381-0706 / 팩스 02)371-0706
이메일	emotion-books@naver.com
홈페이지	www.geobooks.co.kr
ISBN	979-11-91346-89-3
값	19,000 원

이 책은 저작권법으로 보호받는 저작물입니다.
이 책의 내용을 전부 또는 일부를 무단으로 전재하거나 복제할 수 없습니다.
파본이나 잘못된 책은 바꿔드립니다.

머릿말

　기하(Geometry)[1]는 주변을 서술하고 설명하기 위한 도구로 생겨났다. 인류의 시작과 함께 삶의 일부가 되어 온 주변 사물은 처음에는 동그라미, 세모, 상자로 이후 원, 삼각형, 직육면체 같은 도형으로 추상화되어 수학적 탐구의 대상이 되었다. 기하는 다양한 도형의 성질과 도형 사이의 관계를 다루며, 대부분 공간에 대한 탐구를 통하여 발견된 사실과 그들 사이의 관계가 지식체계로 발전한 것이다. 기하에서 다루는 도형의 성질과 관계는, 그냥 주어진 지식이 아니라 누군가의 수학적 탐구의 결과로 얻어진 것임을 기억할 필요가 있다.

　어린아이들에게 도형은 매우 흥미로운 대상이다. 어린아이들은 블록으로 탈 것과 집을 만들고 부수며 자기만의 세계를 만들며 놀이를 즐긴다. 거울과 그 조합으로 만든 만화경, 컴퓨터 게임을 즐기는 청소년들에게도 도형은 흥미로운 탐구의 대상이다. 거울의 높이가 최소 어느 정도라야 전신거울로 사용할 수 있을까? 기하는 일상에서 자연스러운 탐구로 이끌기도 한다.
　효율적인 경로, 공정한 구획정리, 최적의 주차선 그리기 등은 학생들에게 흥미로운 탐구 주제이며, 기하는 탐구에 유용한 도구이다. 대칭이나 회전 이동의 탐구는 수학적 문제해결을 넘어 공간의 아름다움을 만나게도 한다.
　기하는 공간을 다루는 건축과 설계, 로켓이나 위성의 발사 등 우주개발 등 과학적 과제 수행을 위하여 중요한 수학적 기초를 제공한다.

　기하는 도형의 변환에서 변하지 않는 성질, 즉 도형의 모양이나 위치를 바꿀 때 변하지 않는 성질이나 관계에 관심에 초점을 둔다. 그러므로 기하에서의 발견은 불변성에 대한 주의 깊은 관찰과 통찰의 결과이다.

　사람들은 종종 기하를 어려운 교과라고 한다. 당연해 보이는 사실을 왜 증명이라는 복잡한 과정으로 설명하느냐고도 하고, 또 증명이 어렵다고도 한다. 증명의 필요성과 증명의 본질을 이해하기 어렵다는 말이다. 이는 도형에 관한 성질이 제시되고 이를 증명하는 루틴으로 기하를 학습한 사람들에게 어쩌면 당연한 결과일 수 있다.
　증명이 의미있기 위해서는 그 사실에 대하여 왜? 라는 질문이 선행되어야 한다. 삼각형의 세 중선[2]은 신기하게도 한 점에서 만난다[3]. 학생들이 발견의 과정에 동참할 때 과정에서 발견되는 사실에 신

---

1) 땅(geo-)을 측량(metry)한다는 의미의 어원을 가진다.
2) 삼각형의 꼭짓점과 그 대변의 중점을 이은 선분.
3) 만나는 그 점이 바로 무게중심이다.

기해하기도 하며 항상 그러한지 살펴보기도 하며 왜 그러한지 궁금해하기도 한다. 그런데 발견의 과정이 생략된 기하 수업의 경우, 학생들은 어떤 성질이 왜 그러한지 궁금해할 여유도 없이 때로는 매우 당연해 보이는 성질을 증명해야 하는 당혹스러운 경험을 하게 되는 것이다.

탐구를 통한 발견은 자연스럽게 왜 그것이 항상 타당한지에 관한 의문으로 이어지면서 증명의 필요성을 인식하게 한다. 그러므로 이 주어진 사실이 신기하지도 의심스럽지도 않은 학생들에게 이것을 '증명하라'는 과제는 학생들에게 기하의 신비와 생명력을 접할 기회를 박탈하는 것이다.

동적 기하 소프트웨어의 출현은 수학적 발견에 학생들의 참여가 가능하게 한다. 소프트웨어를 활용한 적절히 개발된 자료와 활동은 학생들이 수학자처럼 도형에서 변하지 않는 성질이나 관계를 발견하면서 기하에 생명력과 의미를 함께 찾아가게 할 것이다.

독자에게

이 책은 평면기하를 살아있는 수학으로 가르치기를 원하는 중등학교 현직교사와 예비교사, 그리고 탐구를 통한 기하 학습을 원하는 학생들을 위해 저술되었다. 관찰과 탐구활동으로 수학적 사실이나 원리를 학생들이 시각적으로 발견하거나 확인하는 순간, 교사들은 왜 그러한 결과가 타당한가를 학생들이 스스로 질문할 수 있도록 끊임없이 이들을 격려하고 안내할 수 있기를 바란다.

이 책이 정리는 암기하지만 적용하지 못하거나 정리의 증명은 암기하지만 일상에서 '왜?'라는 질문에 익숙하지 않은 학생들을 수학적 발견의 역사에 참여하게 하는 작은 계기가 되기를 소망한다.

그동안 오랜 연구 끝에 개발된 활동들이 소프트웨어의 낮은 접근성으로 인하여 세상에 제대로 드러나지 못한 것에 아쉬움이 있었다. 이제 개선된 활동들이 지오지브라에 기반하여 서책과 인터넷에 애플릿으로 학교 현장에 모습을 드러내게 된 것을 기쁘게 생각한다. 이 책이 애플릿과 함께 출판될 수 있도록 아이디어와 도움을 주신 목원대 최경식 교수님과 이 출판을 적극적으로 도와주신 지오북스 김남우 사장님께 감사의 마음을 전한다.

2024. 3.
건국대학교 장경윤

저자소개

장경윤
  서울대학교 사범대학 수학교육과
  서울대학교 대학원 석사
  미국 보스턴대학교 수학교육학 박사
  건국대학교 수학교육과 명예교수
  kchang@konkuk.ac.kr

나숙정
  건국대학교 사범대학 수학교육과
  건국대학교 석사 (수학교육)
  천호중학교 교사
  mathna@sen.go.kr

김경용
  교육학 석사(수학교육)
  운남고등학교 교사
  지오지브라 수학교실을 말하다 (공저)
  지오지브라 고등학교 코딩수학 (공저)
  laruddy@naver.com

책의 내용구성

5. 대형마트 위치
https://www.geogebra.org/m/hw... → **예제파일 링크**

1. 활동의 목적
- 애플릿에서 점을 끌어 두 정점에서 같은 거리에 있는 점과 선분의 수직이등분선의 관계를 발견할 수 있다.
- 삼각형의 세 꼭짓점에서 같은 거리에 있는 점을 선분의 수직이등분선의 성질을 이용하여 찾을 수 있다.
- 삼각형의 종류에 따라 세 꼭짓점에서 같은 거리에 있는 점의 위치가 어떻게 달라지는지 관찰한다.
- 삼각형의 세 꼭짓점을 지나는 원을 작도할 수 있다.
- 애플릿에서 점을 끌어 삼각형 내부의 한 점에서 세 변에 이르는 거리가 같은 점을 찾을 수 있다.
- (심화) 삼각형의 세 변의 수직이등분선이 한 점에서 만남을 설명할 수 있다.

→ **활동의 목적**

2. 필요한 능력
- 수학: 선분의 수직이등분선/각의 이등분선
- 지오지브라: 애플릿에서 점 끌기/작도(원) 도구 사용하기
- 관찰: 애플릿에서 도형의 모양을 바꿀 때, 변하지 않는 성질 관찰하기

→ **필요한 능력**

3. 분류

수학영역	학년수준	ICT활용
도형	중 2	학생활동도구/문제제시

→ **교육과정 분류**

4. 활동 구성

두 점에서 같은 거리에 있는 점	삼각형의 세 꼭짓점(변)에서 같은 거리에 있는 점	확장/심화 삼각형의 외접원
• 애플릿: 점 끌기 • 예상과 확인 • 원의 작도	• 예각/직각/둔각삼각형에서 위치 탐색 • 관계 이해 • 작도	• 확장 • 작도 정당화 • 외심의 성질 정리

→ **활동구성**

◎ QR 코드를 스캔하여 지오지브라 책 「대형마트 위치」를 연다. 이 지오지브라 책은 ... 다섯 가지 활동 (활동 1. 같은 거리에 있는 위치 정하기, 활동 2. 마트 위치 찾기, 활동 3. 물류창고 위치, 활동 4. 도로 건설, 5. [심화] 작선까지의 거리)을 포함하고 있다.
각 지오지브라 활동에는 한 개 이상의 애플릿이 있으며 사용자는 지시에 따라 애플릿을 조작하며 활동을 수행한다.

→ **모바일 큐알코드**

6. 활동 내용

활동 1. 같은 거리에 있는 위치 정하기

A아파트와 B아파트 정문 사이를 연결하는 길의 중간 지점에 작은 공원이 있습니다. C아파트 정문에서 공원에 이르는 거리를 A아파트와 B아파트 정문에서 공원까지 거리와 같게 하려고 합니다. (단, 아파트와 공원의 거리는 각 정문의 위치를 기준으로 합니다.)

→ **활동내용**

7. 활동의 답

활동 1. 같은 거리에 있는 위치 정하기

1-1. 거리를 보며 공원에서 6.53되는 지점에 C아파트를 놓는다. C아파트의 정확한 위치는 공원을 원의 중심으로 하고 A아파트와 B아파트를 지름으로 하는 원 위의 한 점에 C아파트를 위치하도록 하면 된다.

→ **활동의 답**

이 책의 구조와 특징

• 서책과 애플릿

서책(종이책)은 도형을 정적(static)인 환경에서 다룬다. 기하가 변환의 환경에서 불변의 성질을 다룬다고 할 때 기하 학습에서 역동적(dynamic) 환경에서 구현될 필요가 있다. 그리고 역동성은 탐구 과정에서 시행과 복원, 재시도 등 실현 가능성과 만족할만한 수준의 정확도를 보장할 수 있어야 한다.

역동적 소프트웨어는 다양한 도형을 정확하고 빠르게 작도할 수 있게 하며, 또 작도된 대상 도형의 위치와 크기를 사용자가 임의로 바꿀 수 있게 한다. 그리고 사용자가 점을 끌어 작도된 도형을 변형하는 경우, 이미 작도 과정에서 주어진 도형 요소들 사이의 관계를 그대로 보존해 준다. 그러므로 사용자는 관찰을 통해 변화하는 여러 도형 가운데서 보존되는 불변성, 즉 그 상황에서 도형에 내재된 본질을 탐색할 수 있게 된다. 이들 소프트웨어는 정적인 지필환경에서는 가능하지 않은 전연 새로운 학습 환경, 즉 학습자가 스스로 탐구할 수 있는 역동적 세계로 기하 학습의 장을 크게 확장시킨다. 탐구형 기하학습을 지원하는 역동적 소프트웨어로 지오지브라(GeoGebra), GSP나 알지오매스 등을 들 수 있다.

이 책은 과거 GSP에 기반한 연구4) 결과물을 지오지브라 환경에서 변형하고 개선한 활동을 담은 서책이며, 인터넷상에서 역동적인 기하 활동이 가능하도록 지오지브라 애플릿이 함께 제공된다. 즉, 서책과 애플릿을 통하여 기하 탐구 학습을 지원하는 안내서이다.

지오지브라는 무료로 지원되는 역동적인 컴퓨터 소프트웨어로 누구나 접근이 용이하다. 또 애플릿으로 제공하면 사용자가 소프트웨어를 다운받지 않아도 PC나 패드, 스마트폰에서 활동이 가능하다는 장점이 있다. 그러므로 지오지브라로 작성한 프로그램과 애플릿은 기하 탐구 학습의 여건과 환경을 크게 확장시키는 효과가 있다.

이 책에 수록된 모든 활동은 애플릿으로 만들어 단원별로 묶어 웹사이트에 지오지브라 책으로 탑재하였다. 각 단원의 지오지브라 책은 다수의 지오지브라 활동을 포함하고 있다. 사용자는 단원별 인터넷상 URL 주소와 QR 코드를 스캔하여 역동적 활동에 참여할 수 있도록 하였다.

이 책은 기하의 발견적 접근을 위하여 저술되었으며 학습과 활동과제 개발에 대한 본 저서의 관점은 다음과 같다.
• 도형에 관한 성질이 주어지기 전에 스스로 탐구하게 하는 활동이 선행되어야 한다.
• 도형은 주변 세계를 서술하고 설명하기 위한 도구로 고안되었으며, 그러므로 기하 학습은 기본적

---

4) 학술진흥재단의 지원(KRF-2002-030-B00049)으로 이루어진 연구 결과.

으로 맥락 안에서 다루어져야 한다.
- 과제는 수학적 사고 발달을 촉진하도록 질의 중심 활동으로 구성한다.
- 과제를 통해 수학 내용과 원리를 이해하고 수학 대상에 의미가 부여되도록 한다.
- 수학교육에서 ICT는 탐구, 문제해결, 확인, 설명 또는 의사소통의 도구이다.
- 시각적으로 또는 측정을 통해 발견한 도형의 성질은 수학적으로 그 타당성을 입증하여야 한다.
- 기하 학습을 위하여 지오지브라의 장점을 극대화하지만, 기하의 모든 영역에서 지오지브라를 활용하려고 하지 않는다.
- 교사는 답을 주는 사람이 아니라 학습자가 사실을 발견하고, 그 결과의 타당성을 스스로 질문하도록 돕는 사람이다.
- 소프트웨어 사용법을 익히는 것이 탐구와 문제해결 활동에 선결조건이 되지 않도록 사전지식이나 활용 능력을 최소화시켜 프로그램을 제작한다.

목차

1. 농지 정리 ·· 13
   활동1. 삼각형 넓이
   활동 2. 사각형 모양 바꾸기
   활동3. 사각형을 삼각형으로

2. 삼각형 ··· 25
   활동 1A. 이등변삼각형
   활동 1B. 이등변삼각형
   활동 2. 정삼각형

3. 중심 잡기 ·· 35
   활동 1. 삼각형 넓이 나누기
   활동 2. 삼각형의 무게중심 성질
   활동 3. 무게중심의 성질 탐구
   활동 4. 삼각피자 나누기

4. 야영장에서 ·· 45
   활동 1. 두 정점 중 가까이 있는 점 찾기
   활동 2. 두 정점에서 같은 거리에 있는 점
   활동 3. 두 정점에서 같은 거리에 있는 점 더 찾기
   활동 4. [심화] 선분의 수직이등분선
   활동 5. [심화] 두 정점에서 같은 거리에 있는 점
   활동 6. 응용
   활동 7. [심화] 응용과 확장

5. 대형 마트 위치 ·· 59
   활동 1. 같은 거리에 있는 위치 정하기
   활동 2. 마트 위치 찾기

활동 3. 물류창고 위치

활동 4. 도로 건설

활동 5. [심화] 직선까지의 거리

6. 네모를 찾아서 ·· 73

활동 1. 평행사변형

활동 2. 직사각형

활동 3. 마름모

활동 4. 정사각형

7. 사각형 속의 사각형 ·· 97

활동 1. 정사각형 속의 사각형

활동 2. 직사각형과 마름모 속의 사각형

활동 3. 평행사변형 속의 사각형

활동 4. 일반사각형의 중점연결

활동 5. [심화] 등변사다리꼴

활동 6. [심화] 중점연결 반복하기

8. 닮은 도형 ·· 111

활동 1. 닮은 삼각형

활동 2. 닮은 사각형

9. 닮음 위치 ·· 121

활동 1. 닮음 위치1

활동 2. 닮음 위치2

활동 3. 닮음 위치3

10. 직각삼각형과 삼각비 ·· 133

활동 1. 직각삼각형의 닮음

활동 2. 삼각비 sinA

활동 3. 삼각비 cosA

활동 4. 삼각비 tanA

활동 5. 직각삼각형의 닮음 활용
11. 원과 접선 …………………………………………………………149
활동 1. 원의 반지름과 접선
활동 2. 삼각형과 내접원
활동 3. 원과 두 접선
활동 4. 내접원과 삼각형의 넓이
활동 5. 직각삼각형과 내접원
12. 원형 도로 …………………………………………………………165
활동 1. 원형 자전거도로 만들기
활동 2. 네 점이 같은 원 위에 있기 위한 조건
활동 3. 식권판매소 세우기
활동 4A. 원주각
활동 4B. 원주각(이어서)
13. 원과 만나는 두 직선 ……………………………………………179
활동 1A. 원과 만나는 두 직선
활동 1B. 원과 만나는 두 직선 – 관계보기
활동 2A. 원과 비례
활동 2B. 원과 비례
활동 3. 할선과 접선
14. 문제해결: 가장 가까운 길 ………………………………………189
활동 1. 목동의 하루
활동 2. 심부름

≡　GeoGebra　**주요 앱**

지오지브라는 다수의 앱으로 구성되어 있는데 주요 앱은 다음 3가지 같다.

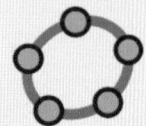

계산기 스위트

함수 탐구, 방정식 풀기, 기하 도형 작도

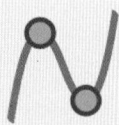

그래픽 계산기

상호작용적인 그래프로 방정식과 함수를 시각화

기하

동적 환경에서 기하학적 개념과 구성을 탐구

- 이 책에 포함된 활동은 기하앱을 사용하여 제작하였으며, 사용자에게 필요한 기능은 주로 <이동(선택) → 끌기>이다.

- 활동을 위하여 필요한 경우에는 사용방법이 제시되므로 지오지브라의 사용에 관한 사전 지식을 필요하지 않다.

1. 농지 정리

https://www.geogebra.org/m/magjmcdk

1. 활동의 목적

- 두 평행선 사이의 거리가 일정함을 이해하고, 이를 이용하여 주어진 삼각형을 넓이가 같은 삼각형으로 변형할 수 있다.
- 사각형을 넓이가 같은 다른 사각형이나 삼각형으로 변형할 수 있다.

2. 필요한 능력

- 수학: 삼각형의 넓이 공식/평행선의 뜻
- 지오지브라: 화면에 그려진 도형의 점 끌기
- 관찰: 지오지브라 화면에서 도형의 모양을 바꿀 때, 변하는 것과 변하지 않는 성질 관찰하기

3. 분류

수학영역	학년수준	ICT의 역할
도형	중 1-2	시연/문제해결

4. 활동 구성

| **삼각형**
넓이가 같은 삼각형으로 변형
- 넓이 공식 확인
- 밑변 공유한 삼각형
- 평행선 사이의 거리 | | **사각형**
넓이가 같은 사각형으로 변형
- 세 꼭짓점 공유
- 나머지 한 점 찾기
- 정당화 | | **이해와 응용**
사각형과 넓이가 같은 삼각형 작도
- 정당화
- 확장 |

- QR 코드를 스캔하여 지오지브라 책 『농지정리』를 연다. 이 지오지브라 책은 모두 3개의 지오지브라 활동 (활동 1. 삼각형의 넓이, 활동 2. 사각형 모양 바꾸기, 활동 3. 사각형을 삼각형으로)을 포함하고 있다.
각 지오지브라 활동에는 한 개 이상의 애플릿이 있으며 사용자는 지시에 따라 애플릿을 조작하며 활동을 수행한다.

5. 활동의 주안점

- 삼각형의 한 꼭짓점이 그 대변에 평행한 직선 위를 움직일 때 삼각형의 모양은 변하지만 면적은 변화가 없음에 주목하게 한다.
- 삼각형의 등적변형을 평행선 사이의 거리가 일정하다는 성질과 연관시킬 수 있게 한다.
- 주어진 다각형과 넓이가 같은 삼각형을 애플릿에서 작도할 수 있게 한다.

6. 활동 내용

활동 1. 삼각형의 넓이

1-1. 애플릿에서 점 Q를 움직이면서 삼각형 ABC와 삼각형 QBC의 넓이를 관찰하고, 두 삼각형의 넓이가 같을 때 점 Q의 위치에 대하여 설명해 보세요.

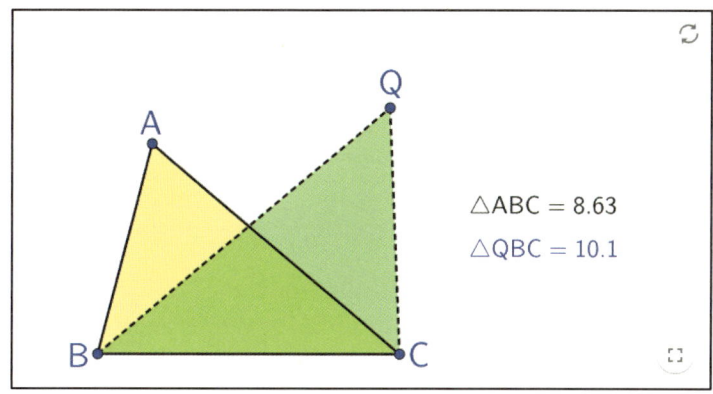

1-2. 다음 애플릿에서 직선 l과 직선 m은 평행하고, 점 A와 점 P는 직선 l 위에, 점 B와 점 C는 직선 m 위에 있습니다.

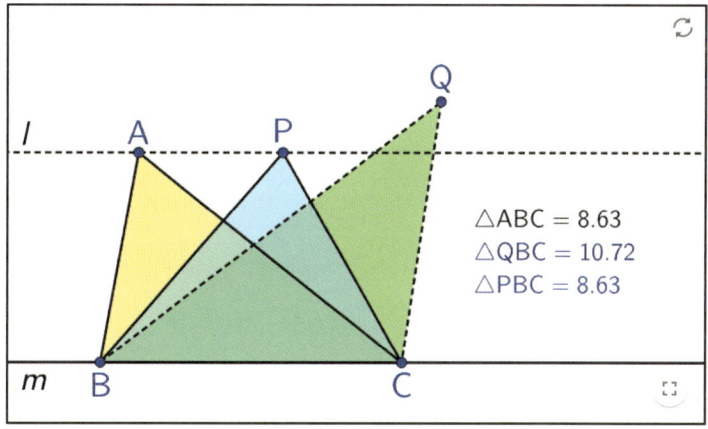

1. 농장정리

애플릿에서 점 B(또는 점 C)를 움직여 보세요. 또 점 A(또는 점 P)를 움직이면서 삼각형 ABC와 삼각형 PBC의 넓이를 관찰해 보세요. 두 삼각형의 넓이에 관하여 발견한 사실이 무엇입니까?

- 점 B(또는 점 C)를 움직일 때

- 점 A(또는 점 P)를 움직일 때

- 점 Q는 자유롭게 움직일 수 있는 점입니다. 애플릿에서 점 Q를 직선 l의 위쪽 또는 아래쪽으로 끌어 움직여 보고 삼각형 QBC의 넓이가 각각 어떻게 변하는지 써 보세요.

- 이 같은 사실이 성립하는 이유를 설명해 보세요.

1-3. 직선 위에 있는 한 점 P에서 직선과 수직인 방향으로 선분 AB의 길이만큼 떨어져 있는 점을 Q라 하였습니다. 애플릿에서 점 P를 끌면서 점 Q의 위치를 관찰해보세요. 이때, 점 Q에서 직선까지의 거리는 선분 AB의 길이와 같다.

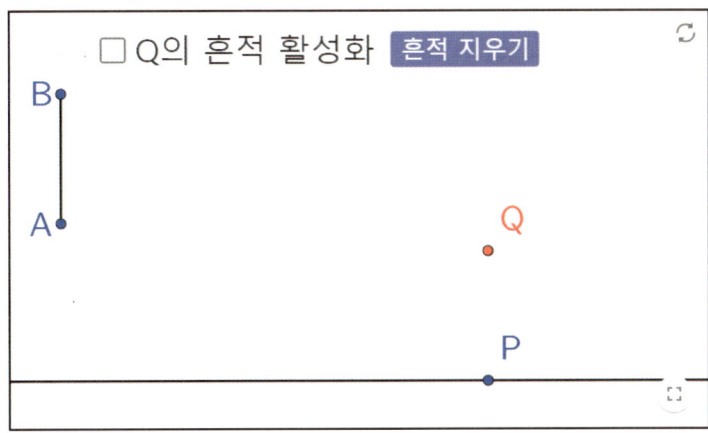

- 점 P가 직선 위를 움직일 때, 점 Q는 어떤 도형 위를 움직일까요?

애플릿에서 'ㅁ Q의 흔적 활성화'를 체크(✓)하면 점 Q가 지나간 점이 흔적으로 남는다. 흔적을 지우려면 흔적 지우기 를 선택하면 된다.

- 점 Q는 직선까지 거리가 일정한 점입니다. 다음 문장을 완성하세요.
  한 직선에서 일정한 거리에 있는 점들은 _____ 직선 위에 있다.

- 애플릿에서 점 A(또는 점 B)를 움직여 선분 AB의 길이를 바꾸면 점 Q의 위치도 바뀝니다. 이때도 같은 성질이 성립합니까?

- 모눈종이에 직선 m에서 거리가 4인 점 5개를 찍으세요.

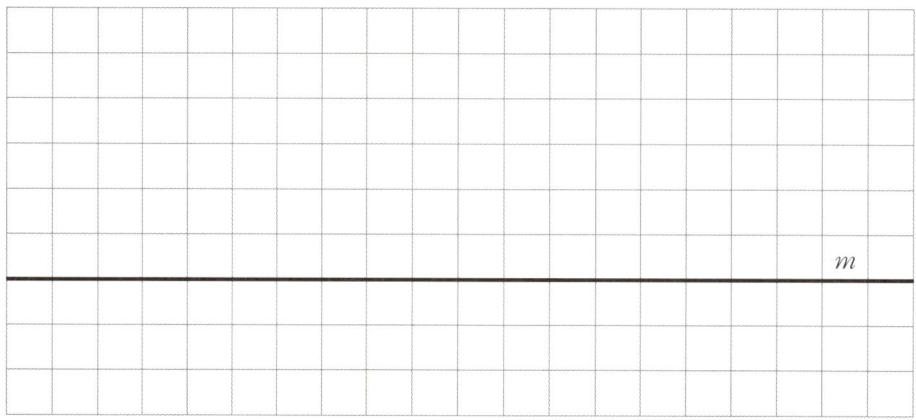

활동 2. 사각형 모양 바꾸기

2-1. 애플릿에서 점 E를 움직이며, 사각형 ABCD와 사각형 ABCE의 넓이의 변화를 관찰하여, 두 사각형의 넓이가 같게 되는 점 E의 위치를 찾아보세요.

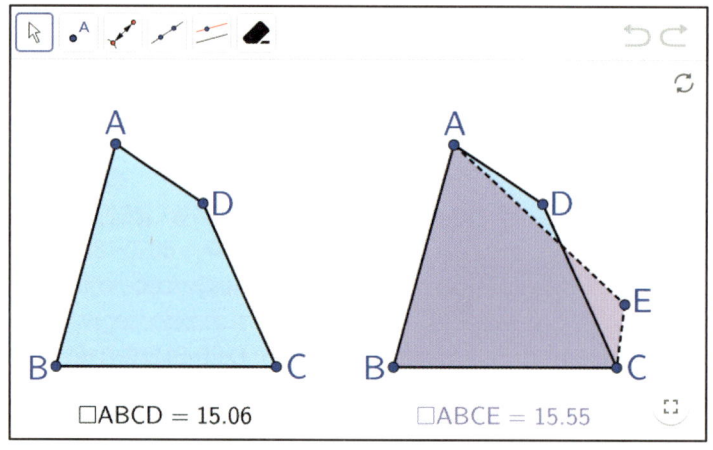

- 애플릿에서 도구를 이용하여, 점 E의 정확한 위치를 작도해보세요.
  도움말) 대각선 AC를 긋고, △DAC = △EAC 가 되는 점 E를 찾는다.

2-2. 애플릿에서 점 P를 끌어, 사각형 PBCD의 넓이가 사각형 ABCD와 넓이와 같게 되도록 위치를 옮겨 보세요.

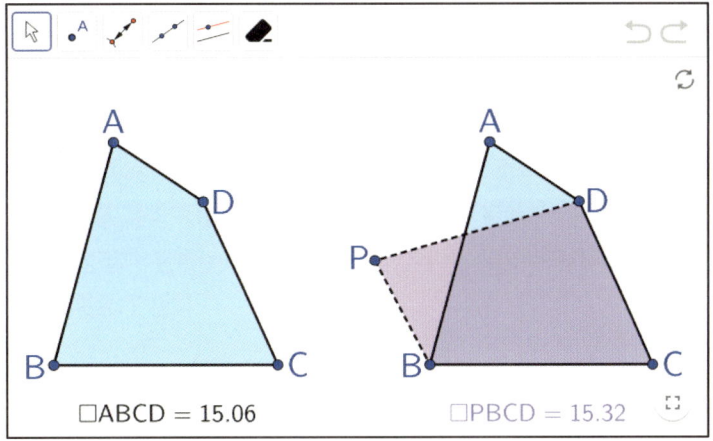

- 점 P의 위치

___

___

- 애플릿에서 도구를 이용하여, 점 P의 정확한 위치를 작도해보세요.

활동 3. 사각형을 삼각형으로

3. 사각형 ABCD와 넓이가 같은 삼각형을 만들 수 있을까요?

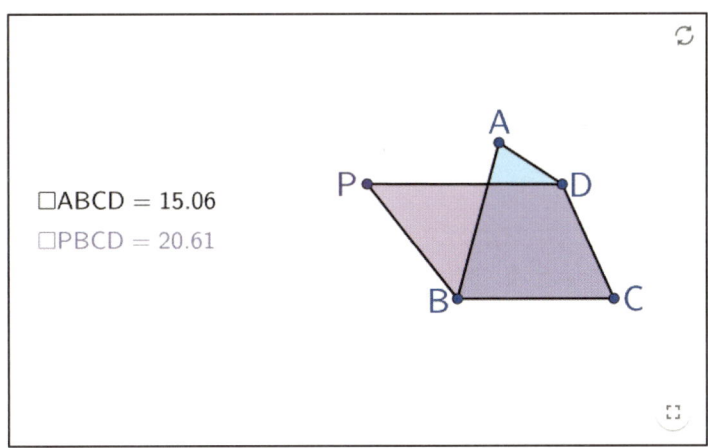

3-1. 애플릿에서, 꼭짓점 D와 C를 그대로 두고 점 P를 끌어 사각형 PBCD의 모양을 삼각형 DPC로 바꾸려고 합니다. 이때 삼각형 DPC의 넓이가 사각형 ABCD와 넓이와 같게 하는 꼭짓점 P의 위치를 애플릿에서 탐색해 보세요.

- 사각형 ABCD와 넓이가 같은 삼각형 DPC의 꼭짓점 P를 어떻게 찾을 수 있을지 그림을 이용하여 생각해 보세요.

점 P의 위치: _____

- 점 P의 작도 방법을 설명해 보세요.

_____

도움말) □ABCD = △ABD + △DBC = △PBD + △DBC ⇨ △ABD = △PBD

3-2. 꼭짓점 B와 C를 그대로 두고 점 P를 끌어 사각형 PBCD의 모양을 삼각형 PBC로 바꾸려고 합니다. 이때 삼각형 PBC의 넓이가 사각형 ABCD와 넓이와 같도록 꼭짓점 P의 위치를 찾는 방법을 그림을 이용하여 생각해 보세요. 점 P의 작도 방법을 설명해 보세요.

- 점 P의 위치

_____

- 작도 방법

_____

도움말) □ABCD = △ABC + △DAC = △ABC + △PAC ⇨ △DAC = △PAC

7. 활동의 답

활동 1. 삼각형 넓이

1-1. 삼각형의 밑변이 고정되어 있으므로, 넓이가 같으려면 높이가 같으면 된다. 즉, 점 A와 점 Q에서 선분 BC에 내린 수선의 길이가 같으면 되는데 이때 두 점 A와 Q를 연결한 선분은 밑변과 평행하다. 평행선 사이의 거리는 같기 때문이다.

1-2.
- 넓이가 변한다. 이유: 선분 BC는 삼각형의 밑변이므로 길이가 길어질수록 삼각형의 넓이가 커진다. (길이가 짧아질수록 삼각형의 넓이가 작아진다.)
- 넓이는 변하지 않는다. 이유: 점 A와 점 P는 밑변에 평행인 직선 위를 움직이므로 삼각형의 높이가 일정하기 때문이다. 즉 어느 점을 움직여도 넓이가 변하지 않는다.
- 직선 m에서 점 Q를 직선 l보다 멀리 둘 경우, 삼각형의 넓이는 커진다. 반대로 직선 l보다 가까이 둘 경우, 삼각형의 넓이는 작아진다. 그리고 직선 l 위에 있을 때 삼각형의 넓이는 변하지 않는다.
- 이유설명: 삼각형의 넓이는 (밑변×높이÷2)이다. 밑변이 선분 BC로 같고, 주어진 삼각형의 높이는 밑변을 지나는 직선 m이 직선 l과 평행하므로 꼭짓점이 직선 l 위에 있을 때, 넓이는 변하지 않는다. 하지만, 꼭짓점이 직선 l의 윗부분에 있을 때는 직선 m과의 거리가 멀어지므로 높이가 커져서 넓이가 넓어지며, 직선 l의 아랫부분에 있을 때는 직선 m과의 거리가 가까워지므로 높이가 작아져서 넓이가 작아진다.

1-3.
- 선, 또는 점 P가 있는 직선과 평행한 직선
- 그 직선과 평행한
- 예. 직선까지의 거리가 달라져도 여전히 성립한다.
- 정답예시

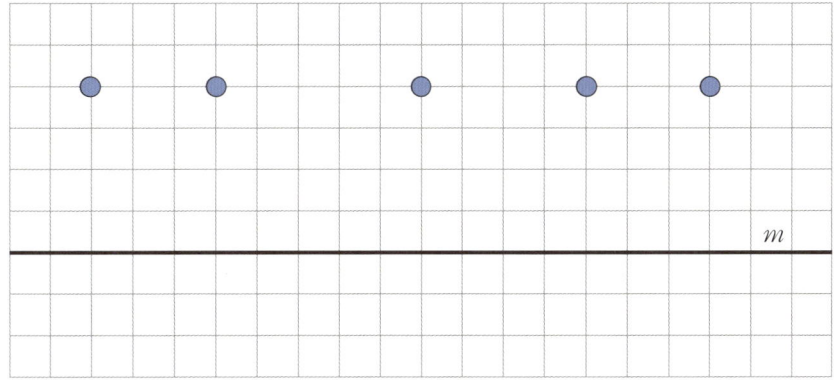

활동 2. 사각형 모양 바꾸기

2-1. 점 A와 점 C를 지나는 직선을 작도하고 점 DD를 지나며 직선 AC에 평행한 직선을 작도한다. 이 직선 위에 있는 한 점을 E라 하면, 사각형 ABCD와 넓이가 같고 모양은 다른 사각형 ABCE 를 여러 가지로 그릴 수 있다.

애플릿에 도구 사용 방법 안내에 따라, 도구 [도구 아이콘들] 를 이용한다.

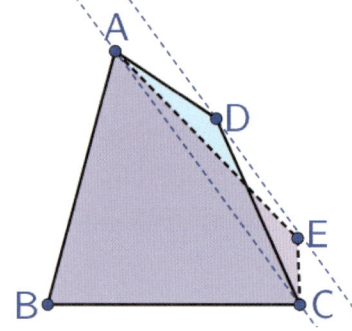

2-2. 아래와 같이 선분 BD를 지나는 선분을 긋고, 점 A를 지나며 이와 평행한 직선을 긋는다. 점 P를 이 직선 위의 한 점으로 하면, 사각형 PBCE의 넓이는 항상 사각형 ABCD과 넓이가 같다. (여러 가지 다른 모양의 사각형을 그릴 수 있다.)

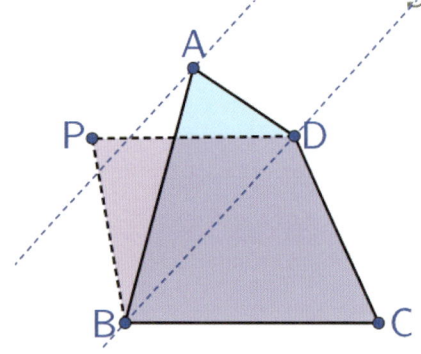

활동3. 사각형을 삼각형으로

3-1. • 그림과 같이 점 A를 지나며 직선 DB와 평행한 직선을 그려 변 BC의 연장선과의 교점을 P라 하면 △DPC가 구하는 삼각형이다.

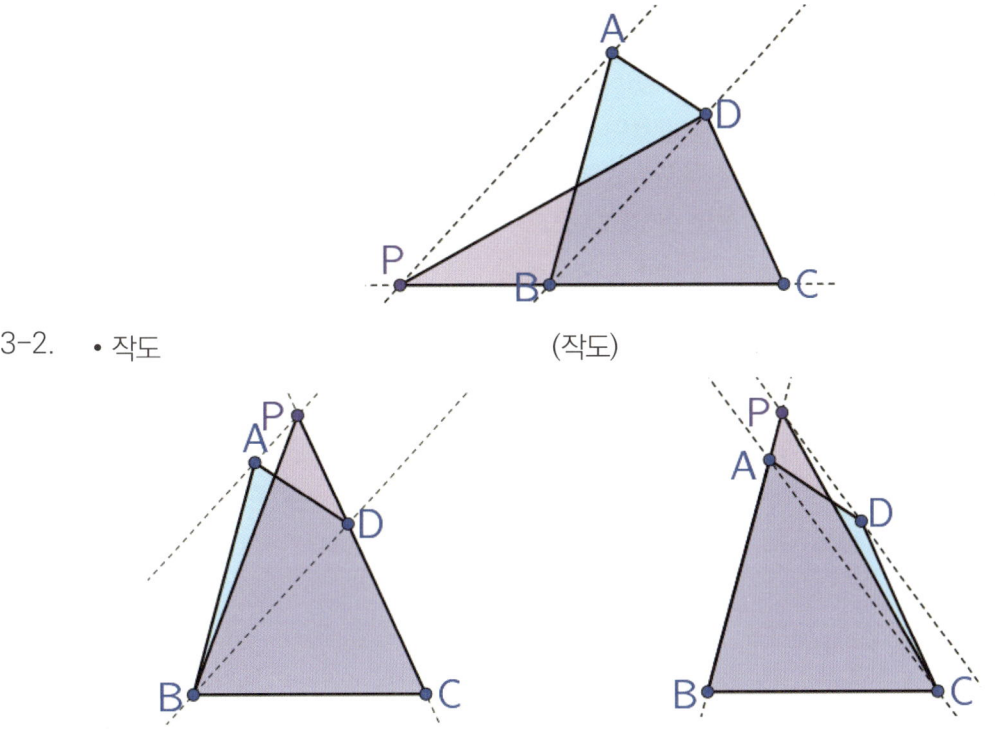

3-2. • 작도   (작도)

※ 이 작도에서 점 P를 꼭짓점 A를 움직이는 것에서 시작하였는데, 꼭짓점 D를 움직이면 다른 모양의 삼각형(두 번째 그림)이 된다. 둘 다 답으로 수용한다.

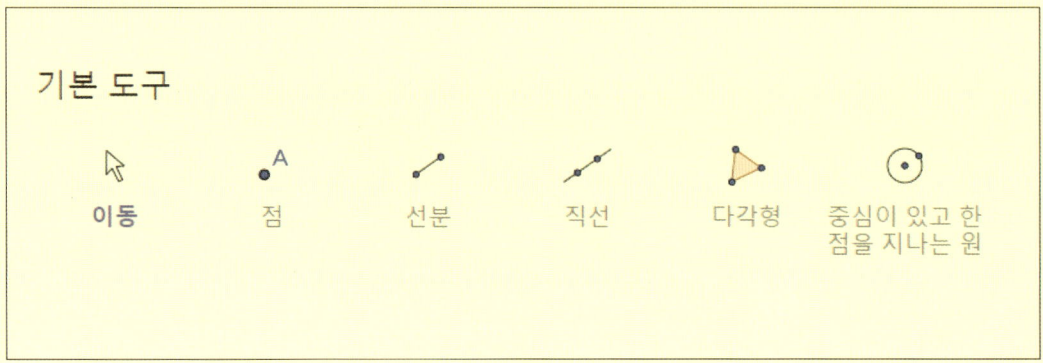

※ 앱에서 도구를 선택하면 사용 방법이 화면에 문장으로 나타난다.

2. 삼각형

https://www.geogebra.org/m/q2gcqaxt

1. 활동의 목적

- 이등변삼각형의 사례를 관찰하여 이등변삼각형의 정의와 성질을 탐색한다.
- 정삼각형의 정의를 알고 성질을 탐색한다.
- 도형의 정의와 성질을 구분한다.

2. 필요한 능력

- 수학: 각의 이등분선/선분의 수직이등분선의 뜻과 성질
- 지오지브라: 애플릿에서 선택과 작도(점/선/선분/교점/원) 도구 사용하기
- 관찰: 애플릿에서 도형의 모양을 바꿀 때, 변하지 않는 성질 관찰하기

3. 분류

수학영역	학년수준	ICT활용
도형	중2	학생활동도구/문제제시

4. 활동 구성

맥락으로 문제제시 닮은 도형		애플릿에서 활동 두 점에서 같은 거리에 있는 점 탐색		성질 이해와 적용

• 예상과 확인		• 한 점 찾기
		• 다른 점 찾기
		• 점의 위치 탐색
		• 관계 이해
				• 정당화
				• 확장
				  세점에서 같은 거리에
				  있는 점

◎ QR 코드를 스캔하여 지오지브라 책 『삼각형』를 연다. 이 지오지브라 책은 모두 3개의 지오지브라 활동 (활동 1A. 이등변삼각형, 활동 1B. 이등변삼각형의 성질, 활동 2. 정삼각형)을 포함하고 있다.

각 지오지브라 활동에는 한 개 이상의 애플릿이 있으며 사용자는 지시에 따라 애플릿을 조작하며 활동을 수행한다.

5. 활동의 주안점

- 애플릿을 활용하여 정삼각형의 성질을 발견할 수 있게 한다.
- 애플릿을 활용하여 이등변삼각형의 성질을 발견할 수 있게 한다.

6. 활동 내용

활동 1A. 이등변삼각형

1. 다음과 같은 삼각형을 이등변삼각형이라 부릅니다.

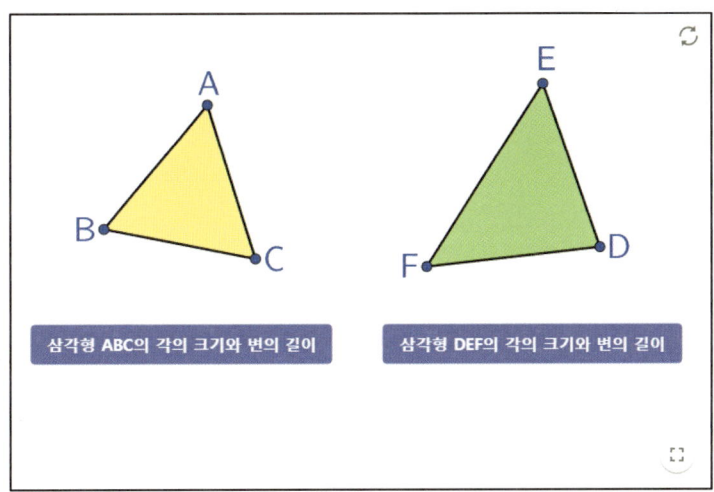

1-1. 애플릿에서 삼각형의 꼭짓점들을 끌어 움직여보고, 어떤 삼각형을 이등변삼각형이라 하는지 각자의 생각을 써 보세요.

- 버튼을 클릭하면 삼각형의 변의 길이와 각의 크기를 볼 수 있습니다.

1-2. 이등변삼각형의 "정의"는 다음과 같습니다. 정의는 용어에 대한 약속입니다.

이등변삼각형의 정의: 두 변의 길이가 같은 삼각형

이등변삼각형의 정의를 써 보세요.

이등변삼각형:

※ '정의' 이외의 다른 특징들을 '성질'이라고 부릅니다.

1-3. 이등변삼각형은 세 각이 있습니다. 애플릿의 삼각형을 관찰하여 이등변삼각형의 각에 대한 성질을 써 보세요.

"두 변의 길이가 같은 삼각형(이등변삼각형)"은

- 왜 항상 그런지 이유를 말해보세요.

활동 1B. 이등변삼각형의 성질

1-4. 이등변삼각형에서 길이가 같은 두 변 사이의 각을 꼭지각이라고 합니다.

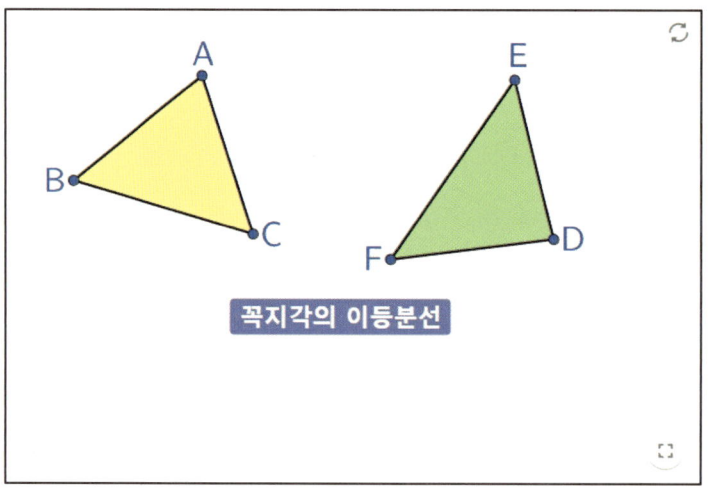

애플릿에서 꼭지각의 이등분선 버튼을 누르면 꼭지각의 이등분선이 그려집니다. 이때 화면에 나타나는 측정값(선분의 길이과 각의 크기)을 관찰해 보세요. 꼭짓점을 옮겨 삼각형 모양을 바꾸어도 변하지 않는 성질을 찾아보세요.

- 꼭지각의 이등분선과 관련된 이등변삼각형의 성질을 써보세요.

_____

_____

1-5. 위와 같은 성질이 성립하는 이유를 설명해 보세요.

1-6. 애플릿에서 도구를 이용하여 이등변삼각형을 작도하여 보세요. (두 가지 이상의 방법으로 작도하기)

- 도구:

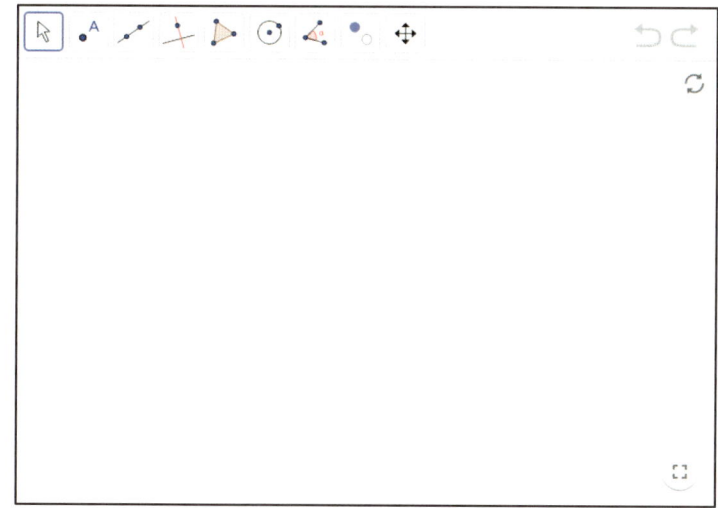

활동 2. 정삼각형

2. 다음과 같은 삼각형을 정삼각형이라 부릅니다.

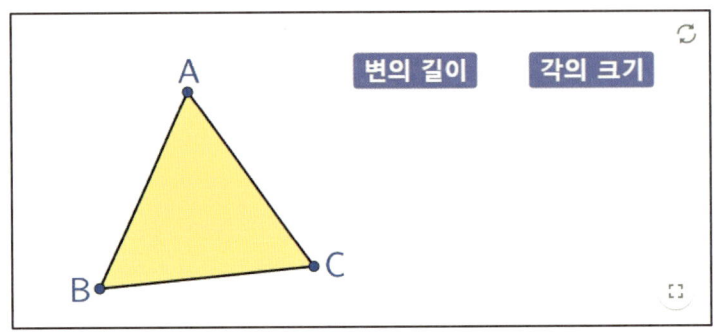

2-1. 각 꼭짓점을 움직여 크기를 바꿔보고, 어떤 삼각형을 정삼각형이라 하는지 각자의 생각을 써 봅시다.

- 애플릿에서 변의 길이 와 각의 크기 버튼을 누르면 측정값을 볼 수 있습니다.

2-2. 정삼각형의 정의는 다음과 같습니다.

> 정삼각형의 정의: 세 변의 길이가 같은 삼각형

정삼각형의 정의를 아래에 써 보세요.

2-3. 삼각형의 세 변의 길이가 같으면 세 각의 크기도 같습니다. 왜 이와 같은 성질이 성립하는지 설명해 보세요.

2-4. 애플릿에서 도구를 이용하여 정삼각형을 작도하여 보세요.

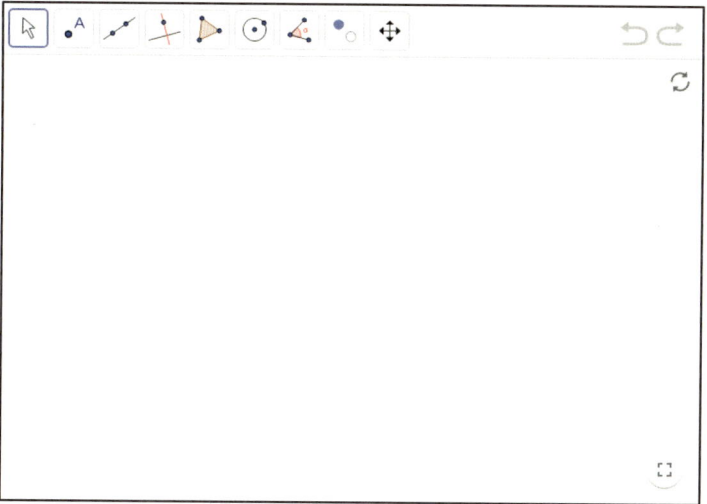

7. 활동의 답

활동 1A. 이등변삼각형

1-1. 두 변의 길이가 같은 삼각형, 또는 두 각의 크기가 같은 삼각형. (모두 허용)
1-2. 두 변의 길이가 같은 삼각형
1-3. '1-5' 답 참조

활동 1B. 이등변삼각형의 성질

1-4. 꼭지각의 이등분선은 대변을 수직이등분한다.
1-5. (증명) 이등변삼각형의 꼭지각 ∠A의 이등분선과 선분 BC가 만나는 점을 M 이라고 하면, 선분 AM은 공통, $\overline{AB} = \overline{AC}$, ∠BAM = ∠CAM.
그러므로 △ABM ≡ △ACM (SAS합동)이고,
$\overline{BM} = \overline{CM}$, $\overline{AM} \perp \overline{BC}$

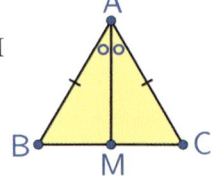

1-6. 이등변삼각형 작도하기
① 원의 중심이 A이고, 점 B를 지나는 원을 작도하고, 원 위에 두 점 C, D 를 잡는다.

→ 다각형 도구를 선택한 후, 점 A-C-D-A 순으로 점을 클릭하면, 삼각형 ACD가 그려진다 (그림 1). 점 C, D를 움직이면 모양과 크기가 다른 이등변삼각형이 나타난다.

그림 1

② 선분 EF를 임의로 그린 후, 수직이등분선 도구를 선택하고 선분을 클릭하면 수직이등분선이 그려진다. 그 위에 한 점 G를 잡고, 위와 같이 (다각형 도구를 선택한 후, 점 G-E-F-G 순으로 점을 클릭)하면 이 등변삼각형 GEF가 그려진다(그림 2). 점 G를 직선 위아래로 움직이면, 모양과 크기가 다른 이등변삼각형이 나타난다.

※ 참고: 지오지브라 애플릿에서 대상 보이기/숨기기 도구를 선택하고, 숨기기/보이기를 원하는 개체를 선택하면 해당 개체를 숨기기/보이기를 할 수 있다

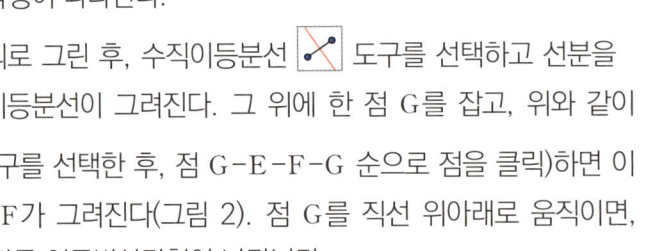

그림 2

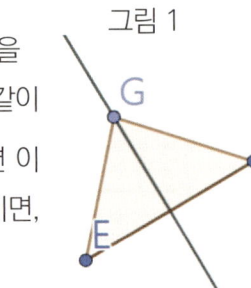

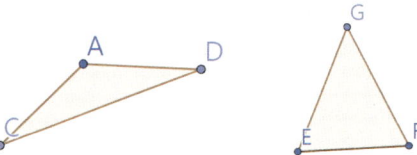

①, ②의 작도에서 원, 직선을 각각 숨기면 위와 같다(그림 1, 그림2).

활동 2. 정삼각형

2-1. 세 변의 길이가 같은 삼각형, 또는 세 각의 크기가 같은 삼각형. (모두 허용)

2-2. 세 변의 길이가 같은 삼각형

2-3. 삼각형의 세 변의 길이가 같으면 세 각의 크기도 같다.

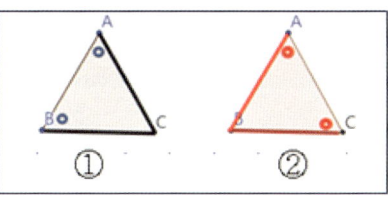

증명: $\overline{CA} = \overline{CB}$ 이므로 이등변삼각형의 두 밑각의 크기가 같다. 그러므로 ∠A = ∠B ⋯ ①

또 $\overline{BA} = \overline{BC}$ 이므로, 마찬가지로 ∠A = ∠C ⋯ ②

①과 ②에서 ∠A = ∠B = ∠C

즉, 세 각의 크기도 같다.

2-4. 정삼각형 ABC 작도하기

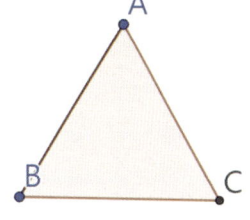

선분 AB를 그린 후 두 점 A와 B를 각각 중심으로 하고 선분 AB를 반지름으로 하는 원을 그려 한 교점을 C로 한다.

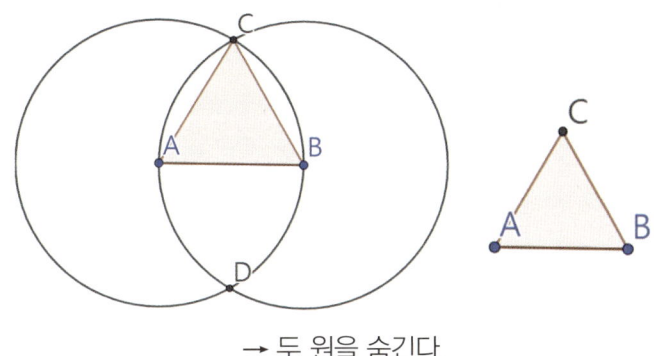

→ 두 원을 숨긴다.

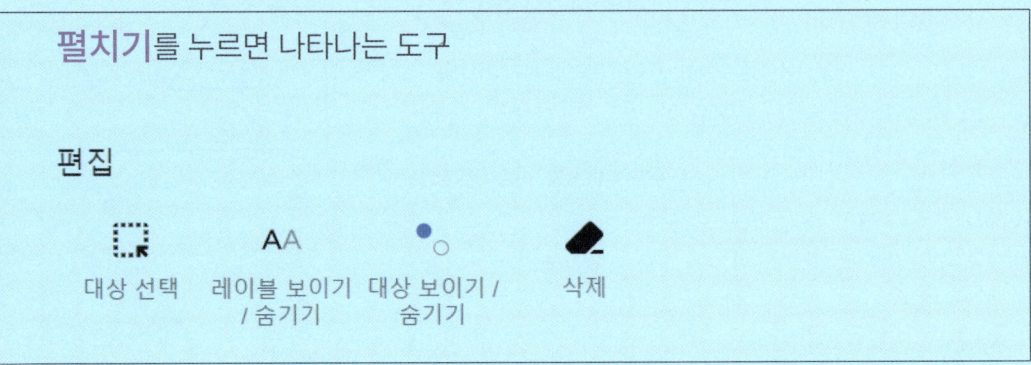

※ 앱에서 도구를 선택하면 사용 방법이 화면에 문장으로 나타난다.

3. 중심잡기

https://www.geogebra.org/m/fw7k7uxt

1. 활동의 목적

- 삼각형의 중선이 넓이를 이등분하는 이유를 설명할 수 있다.
- 삼각형의 세 중선이 한 점에서 만나는 이유를 설명할 수 있다.
- 삼각형의 무게중심의 성질을 관찰하여 이해하고 이를 활용할 수 있다.

2. 활동에 필요한 능력

- 수학: 삼각형의 넓이/길이와 비 관련 성질/삼각형의 무게중심의 성질
- 지오지브라: 화면에 그려진 도형의 점 끌기
- 관찰: 지오지브라 화면에서 도형의 모양을 바꿀 때, 변하는 것과 변하지 않는 성질 관찰하기

3. 분류

수학영역	학년수준	ICT활용
도형	중 2	활동도구/문제제시

4. 활동 구성

삼각형의 중선		무게중심과 성질 '정의' 확인		성질 이해와 응용
• 중선의 뜻 • 중선과 넓이 관계		• 점 끌기로 탐구 • 성질 찾기		• 정당화 • 확장 도형의 활용 사례

삼각형의 중선		무게중심과 성질		성질 이해와 응용
• 중선의 뜻 • 중선과 넓이 관계		'정의' 확인 • 점 끌기로 탐구 • 성질 찾기		• 정당화 • 확장 도형의 활용 사례

◎ QR 코드를 스캔하여 지오지브라 책『중심잡기』를 연다. 이 지오지브라 책은 모두 4개의 지오지브라 활동(활동 1. 삼각형의 넓이 나누기, 활동 2. 삼각형의 무게중심, 활동 3. 무게중심 성질 탐구, 활동 4. 삼각피자 나누기)을 포함하고 있다.
각 지오지브라 활동에는 한 개 이상의 애플릿이 있으며 사용자는 지시에 따라 애플릿을 조작하며 활동을 수행한다.

5. 활동의 주안점

- 삼각형의 중선은 삼각형의 넓이를 이등분한다는 것을 발견하게 한다.
- 삼각형의 중선은 3개이고, 한 점에서 만난다는 것을 이해한다. 그리고 삼각형의 세 중선의 교점을 그 삼각형의 무게중심이라고 한다는 것을 설명한다.
- 삼각형의 중선은 넓이를 이등분함을 활용할 수 있다.
- 삼각형의 세 중선을 긋고, 삼각형의 넓이를 비교하여 넓이가 같은 삼각형을 모두 찾아낼 수 있도록 한다.
- 그림에서 점 G가 무게중심일 때, △GAB = △GBC = △GCA이고 또 6개의 삼각형의 넓이가 같은 이유를 탐색하게 한다.

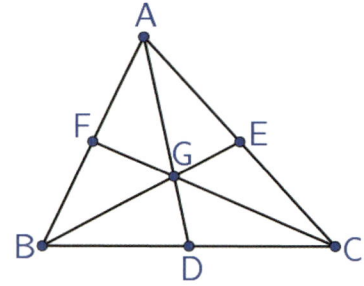

- 삼각형의 무게중심은 세 중선의 길이를 꼭짓점으로부터 각각 2 : 1의 비로 나눈다는 것을 발견하게 한다.

6. 활동 내용

활동 1. 삼각형 넓이 나누기

1. 애플릿과 같이 삼각형 ABC의 세 변 위에 점 D, E, F를 잡고, 각각 꼭짓점과 연결하여 선분 AD, BE, CF를 만들었습니다.

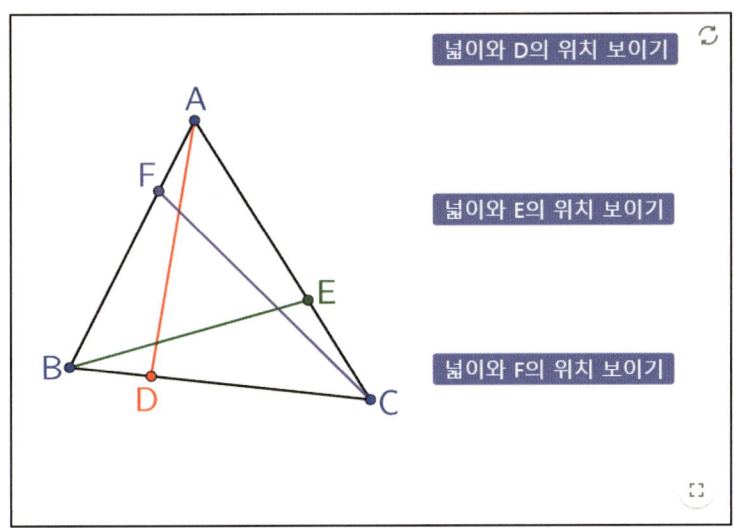

1-1. 애플릿에서 선분 AD가 삼각형의 넓이를 이등분하도록 점 D를 움직여 보세요. 점 D가 선분 BC에서 어느 위치에 있을 때 삼각형의 넓이가 이등분되나요?

___

___

  넓이와 D의 위치 보이기 버튼을 사용하여 답을 확인해 보세요.

1-2. 선분 BE, CF가 각각 삼각형의 넓이를 이등분하도록 점 E와 점 F를 각각 움직여 보세요. 언제 삼각형의 넓이가 이등분되나요?

  • 선분 BE가 삼각형의 넓이를 이등분할 때:

___

• 선분 CF가 삼각형의 넓이를 이등분할 때:

[넓이와 E의 위치 보이기], [넓이와 F의 위치 보이기] 버튼을 사용하여 답을 확인해 보세요.

1-3. 삼각형의 꼭짓점과 대변의 중점을 연결한 선분을 중선이라고 합니다. 그러므로 삼각형의 중선은 모두 3개입니다.

애플릿에서 [중선 그리기] 버튼을 누르면 점 D, E, F가 각각 변의 중점으로 이동합니다.

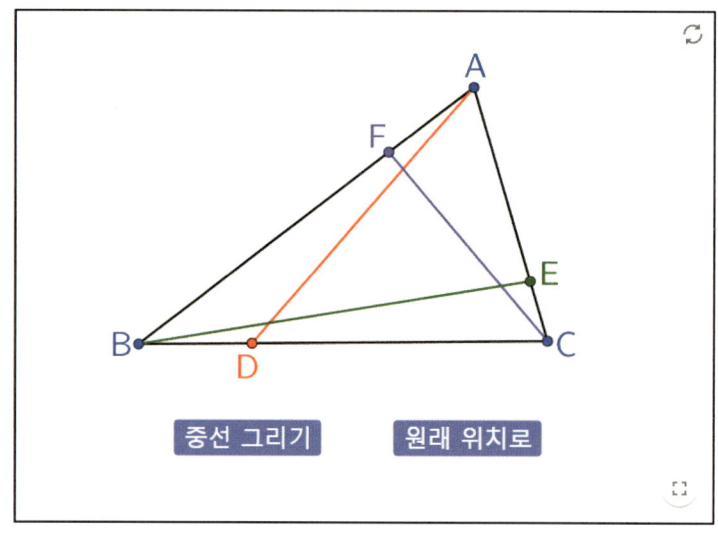

중선을 그리고 도형을 관찰하여, 또 앞의 활동을 근거로 중선과 관련된 성질을 찾아보세요.

• 세 중선이 서로 만나는 점에 관한 성질:

• 중선과 삼각형의 넓이와 관련한 성질:

• 그 외:

• 꼭짓점을 움직여 삼각형의 모양을 바꿔보고 그 성질이 변함없는지 확인해 보세요.

활동 2. 삼각형의 무게중심 성질

2. 삼각형의 세 중선은 한 점에서 만나며, 이 성질은 삼각형의 모양을 바꾸어도 변함이 없습니다. 애플릿에서 점 G는 삼각형 ABC의 무게중심입니다.

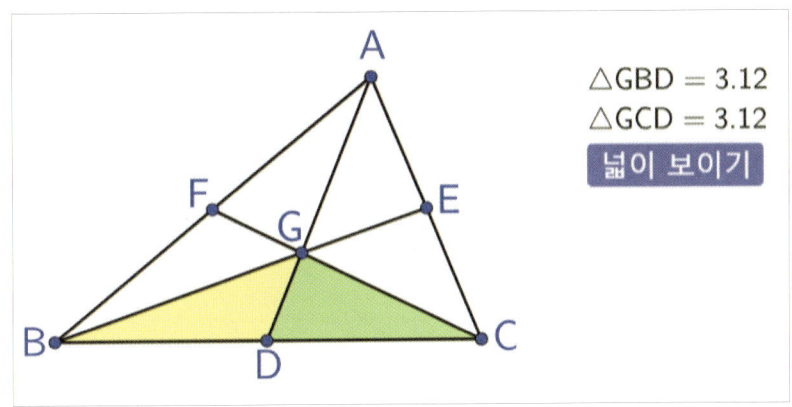

2-1. 삼각형 GBD와 삼각형 GCD의 넓이가 같습니다. 꼭짓점 A, B, C를 움직여 삼각형의 모양을 바꿀 때 이 성질이 성립하는지 확인해 보세요.

2-2. 위 그림에서 여섯 개의 작은 삼각형은 모두 넓이가 같습니다. 꼭짓점 A, B, C의 위치를 바꾸어도 이 성질이 성립하는지 확인해 보세요. 넓이 보이기 버튼을 눌러 나머지 삼각형들의 넓이를 확인할 수 있습니다.

2-3. 이 여섯 개의 삼각형의 넓이가 모두 같은 이유를 설명해 보세요.

2-4. 점 G를 삼각형의 '무게중심'이라고 합니다. 왜 '무게중심'이라고 부르는지 생각해 보세요.

활동 3. 무게중심의 성질 탐구

3. 삼각형 ABC의 중선 AD가 있습니다.

3-1. 중선 AD에, 다른 중선을 그리지 말고, 무게중심 G를 찾아보세요.

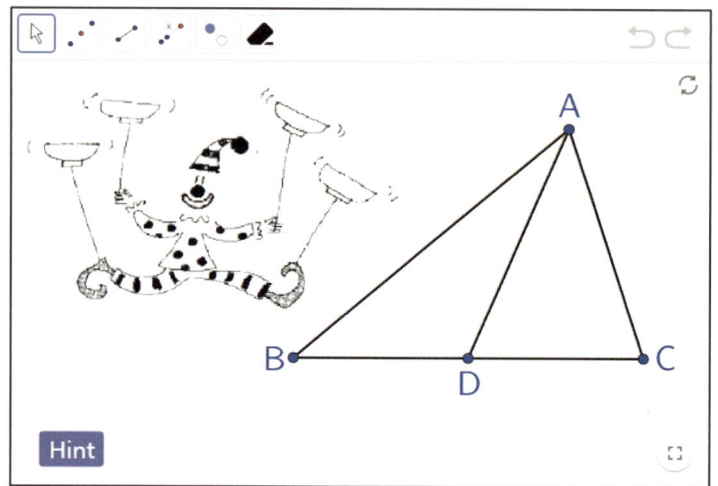

- 애플릿의 Hint 버튼을 이용해도 좋습니다.
- 무게중심 G를 어떻게 찾았는지 설명해 보세요.

3-2. 선분 AC의 중점을 E라 할 때, 중선 BE 위에서 무게중심 H의 위치를 찾아보세요.

3-3. 위의 활동으로 알 수 있는 사실은 무엇입니까?

활동 4. 삼각피자 나누기

올해 Math 피자회사에서 신제품으로 삼각형 모양의 피자를 개발했다. 이 피자는 2인용, 3인용, 6인용으로 출시되었으며 소비자들로부터 큰 인기를 끌고 있다. 신입사원 재완군은 매번 똑같은 양으로 피자를 나누는 것에 실패하여 고객들에게 항의를 받았다. 재완군에게 피자를 나누는 방법을 설명해 주려고 한다.

4-1. 애플릿에서 감자가 1개씩 돌아가도록 2인용 피자를 나누어보고, 그렇게 나눈 이유를 설명해 보세요.

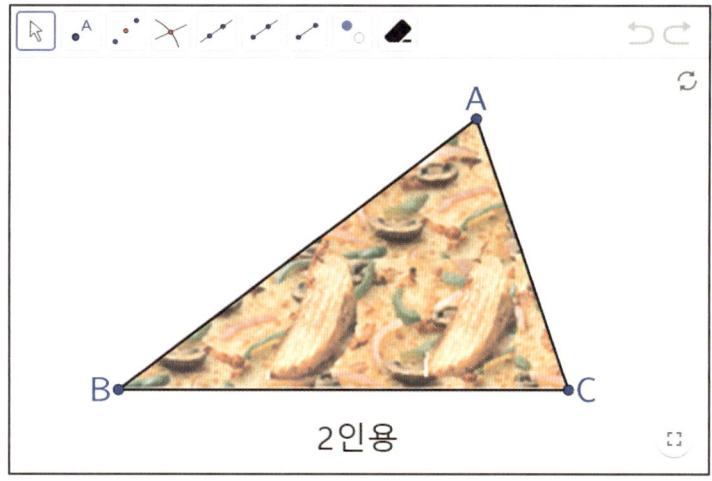

2인용

4-2. 애플릿에서 감자가 1개씩 돌아가도록 3인용 피자를 나누어 보고, 그렇게 나눈 이유를 설명해 보세요.

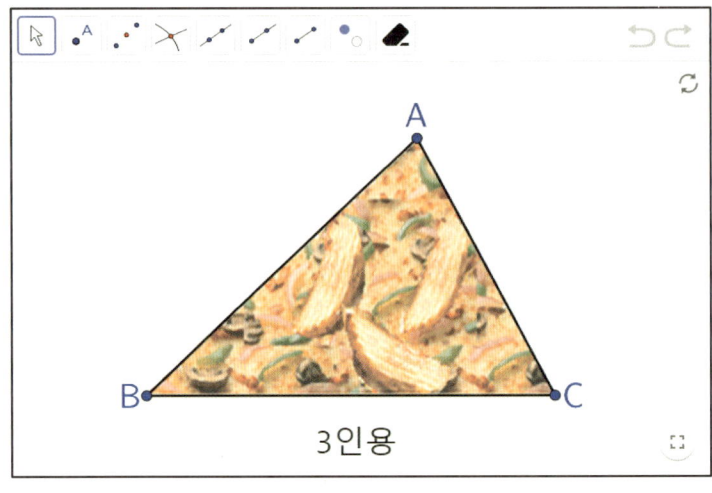

_____
_____
_____

4-3. 애플릿에서 감자가 1개씩 돌아가도록 6인용 피자를 나누어 보고, 그렇게 나눈 이유를 설명해 보세요.

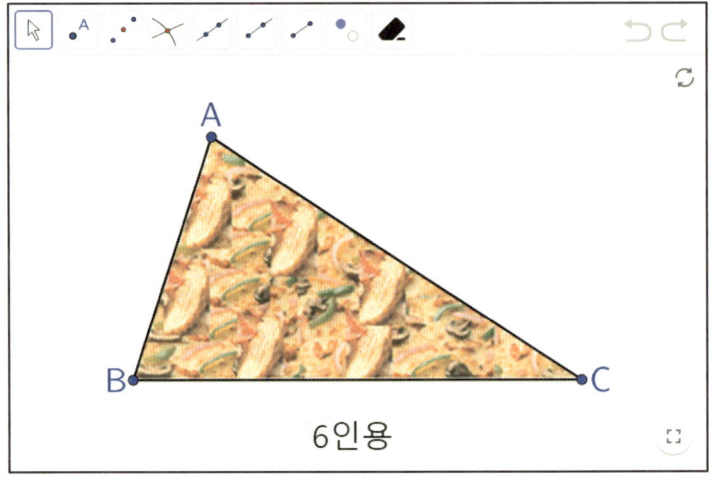

_____
_____
_____

7. 활동의 답

활동 1. 삼각형의 무게중심

1-1. 점 D가 변 BC의 중점일 때, 선분 AD는 삼각형의 넓이를 이등분한다.

1-2. 점 E가 변 AC의 중점일 때, 선분 BE는 삼각형의 넓이를 이등분한다.
점 F가 변 AB의 중점일 때, 선분 CF는 삼각형의 넓이를 이등분한다.

1-3. – 세 중선은 한 점에서 만난다.
– 중선은 삼각형의 넓이를 이등분한다.

활동 2. 삼각형의 무게중심의 성질

2-1. △GBD = △GCD임을 눈으로 확인할 수 있다.

2-2. △GBD = △GCD = △GAF = △GBF = △GAE = △GCE

2-3. △ABD = △ACD 이고 △GBD = △GCD 이므로
$$\triangle ABG = \triangle ACG \cdots \text{㉠}$$
△ABE = △CBE 이고 △AGE = △CGE 이므로
$$\triangle ABE = \triangle CBE \cdots \text{㉡}$$
㉠, ㉡에 의하여 △ABG = △ACG = △BCG

그런데 $\triangle GAF = \triangle GBF = \frac{1}{2} \triangle ABG$,

$\triangle GEA = \triangle GCE = \frac{1}{2} \triangle ACG$,

$\triangle GBD = \triangle GDC = \frac{1}{2} \triangle BCG$ 이므로

△GAF = △GBF = △GBD = △GCD = △GCE = △GAE 이다.

2-4. 점 G를 '무게중심'이라고 부르는 이유:
예시. 삼각형의 세 중선으로 나누어진 6개의 삼각형의 넓이가 같으므로 삼각형을 만들어 세 중선의 교점인 점 G 위치를 핀으로 받치면 삼각형이 평형을 유지한다.

활동 3. 무게중심의 성질 탐구

3-1. 선분 AD를 삼등분하여 $\overline{AG} : \overline{GD}$ = 2 : 1이 되게 하는 점이 바로 무게중심 G이다.

3-2. 3-1과 동일한 방법으로 찾는다.

3-3. 삼각형의 무게중심은 각 꼭짓점에서 중선을 따라 2 : 1이 되는 곳에 위치한다.

활동 4. 삼각피자 나누기(무게중심의 활용)

- 2인용: 변 BC의 중점 D를 지나는 중선 AD를 따라 자르면 피자의 넓이는 같고, 감자는 각각 1개씩 들어가게 나눌 수 있다.

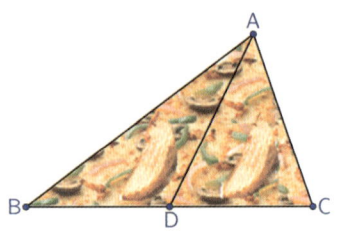

- 3인용: 무게중심 G를 찾아 세 선분 GA, GB, GC로 자르면 피자의 넓이는 삼등분하고, 감자는 각각 1개씩 들어가게 나눌 수 있다.

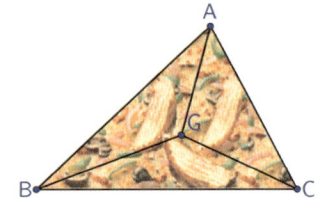

- 6인용: 삼각형의 세 중선으로 나누면, 피자의 넓이는 6등분하고, 감자는 각각 1개씩 들어가게 나눌 수 있다.

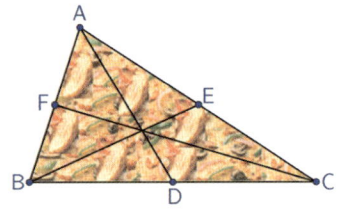

4. 야영장에서

https://www.geogebra.org/m/eqnmh3vt

1. 활동의 목적

- 두 정점에서 거리가 같은 점의 위치를 탐색하여 선분의 수직이등분선의 성질을 발견할 수 있다.
- 선분의 수직이등분선 위에 있는 점은 선분의 양 끝에 이르는 거리가 같은 이유를 설명할 수 있다.
- 선분의 수직이등분선의 성질을 실생활 문제해결에 적용할 수 있다.

2. 필요한 능력

- 수학: 삼각형 합동조건, 선분의 수직이등분선의 뜻
- 지오지브라: 점 끌기, 두 점 사이 거리 측정하기
- 관찰: 애플릿에서 점을 끌어 도형의 크기나 위치, 모양을 바꿀 때 변하지 않는 성질 관찰하기

3. 분류

수학영역	학년수준	ICT역할
도형	중 2	학생활동도구/문제제시

4. 활동 구성

맥락으로 문제제시 두 점에서 가까운 거리에 있는 점 찾기		애플릿에서 활동 두 점에서 같은 거리에 있는 점 탐색		성질 이해와 적용
• 예상과 확인		• 한 점 찾기 • 다른 점 찾기 • 점의 위치 탐색 • 관계 이해		• 정당화 • 확장 세 점에서 같은 거리에 있는 점

45

 ◎ QR 코드를 스캔하여 지오지브라 책『야영장에서』를 연다. 이 지오지브라 책은 모두 9개의 지오지브라 활동 (활동 1. 두 정점 중 가까이에 있는 점, 활동 2. 두 정점에서 같은 거리에 있는 점, 힌트보기_야영장에서-2, 활동 3 두 정점에서 같은 거리에 있는 점 더 찾기, 힌트보기_야영장에서-3, 활동 4. [심화] 선분의 수직이등분선, 활동 5. [심화] 두 정점에서 같은 거리에 있는 점, 활동 6. 응용, 활동 7. [심화] 응용과 확장)을 포함하고 있다.

각 지오지브라 활동에는 한 개 이상의 애플릿이 있으며 사용자는 지시에 따라 애플릿을 조작하며 활동을 수행한다.

5. 활동의 주안점

- 애플릿에서 주어진 점을 조건을 만족할 것으로 추측되는 점으로 이동하게 하고 그 지점이 적절한 지 거리를 측정하여 판단하게 한다.
- 두 점까지 거리가 같은 점을 체계적으로 탐색할 수 있게 하며, 탐색을 돕기 위해 [힌트]를 별도 화면에 제공한다. [힌트] 보기에 앞서 충분한 탐색이 이루어지도록 한다.
- 선분의 수직이등분과 선분의 양 끝점과 관련된 성질을 이해하도록 애플릿에서 충분한 탐색이 먼저 이루어져야 한다.
- 심화단계로 제시된 활동 4와 활동 5의 증명 부분은 학생의 수준을 고려하여 활동 수준을 결정하도록 한다.
- 활동 6은 삼각형의 외심에 관련된 활동이다. 여기에서는 수직이등분선의 성질을 응용하는 정도로 다루도록 한다.

6. 활동

활동 1. 두 정점 중 가까이 있는 점 찾기

1-1. 민영이 일행은 야영장에서 텐트1, 텐트2, 텐트3, 텐트4를 애플릿과 같이 쳤습니다. 야영장 안에는 편의점이 A와 B, 두 곳입니다. 각 텐트에서 더 가까이에 있는 편의점이 A와 B 중 어느 곳인지 관찰하고, 다음 표의 빈칸을 채우세요.

텐트	가까이에 있는 편의점
텐트1	
텐트2	
텐트3	
텐트4	

1-2. 어떻게 판단하였습니까?

---

4. 야영장에서

활동 2. 두 정점에서 같은 거리에 있는 점

2-1. 두 편의점에서 같은 거리만큼 떨어져 있는 곳에 텐트5와 텐트6을 치려고 합니다. 애플릿에서 텐트5와 텐트6을 각각 적절한 장소를 찾아 옮기세요. 두 지점을 바르게 찾았는지 거리를 재어 확인해 봅시다.

- 거리 측정: 거리 또는 길이 도구를 선택하고 두 점을 선택한다.

2-2. 민영이 일행이 텐트5와 텐트6의 위치를 어떻게 정확히 찾을 수 있을지 의견을 나누어 보세요. 또 다른 위치에도 텐트를 칠 수 있습니까?

- 힌트 보기: 애플릿 화면 아래 Hint 버튼을 누르면 힌트를 볼 수 있다.
  점 A와 점 B에서 선분 OX 길이만큼 떨어져 있는 점을 구해 봅시다.

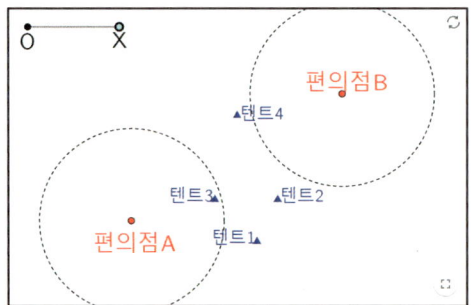

활동 3. 두 정점에서 같은 거리에 있는 점 더 찾기

3-1. 민영이 일행은 두 편의점까지 거리가 같은 곳에 일곱 번째 텐트7을 치려고 합니다. 애플릿에서 텐트7의 위치를 점(점 [•ᴬ] 도구 선택 후 점 클릭)으로 표시하세요.

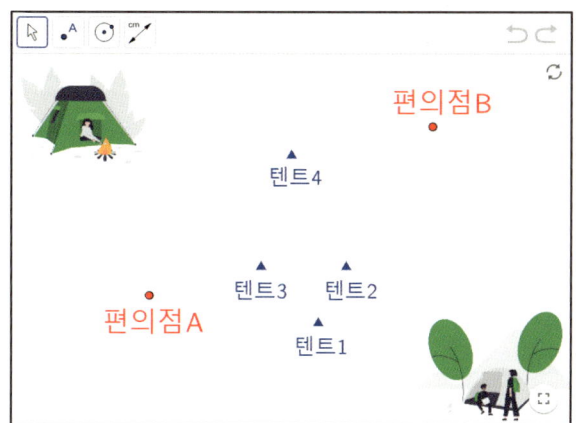

- 텐트7의 위치를 어떻게 찾았습니까?

3-2. 텐트7의 위치를 찾던 민영이는 두 편의점까지 거리가 같은 지점은 얼마든지 찾을 수 있다고 하였습니다. 두 편의점까지 거리가 같도록 계속하여 텐트8, 9, 10을 칠 수 있는 지점이 있다는 민영이의 생각이 옳을까요? 계속하여 텐트를 칠 수 있는 지점은 두 편의점과 어떤 위치 관계에 있습니까?

- 애플릿 화면 아래 Hint 버튼을 누르면 힌트를 볼 수 있다.
선분 OX의 끝점 X를 움직여 선분의 길이를 조절하여 점 P, Q의 위치가 어떻게 변하는지 관찰해 보세요. Hint: 자취 보이기 버튼으로 점 P, Q의 자취를 남기거나 지울 수 있습니다.

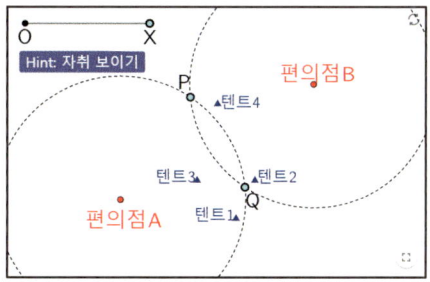

활동 4. [심화] 선분의 수직이등분선

4-1. 애플릿에서 점 P를 움직여 보면서 길이를 살펴보고, 아래 문장을 완성하세요.

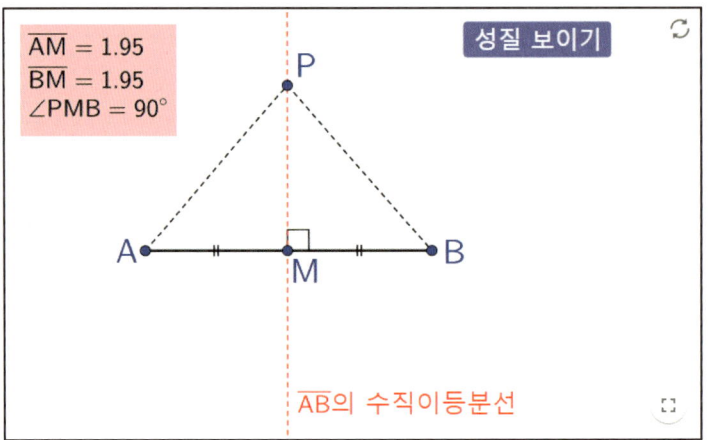

선분의 수직이등분선 위에 있는 점에서 _____

_____ 에 이르는 거리는 같다.

- 애플릿에서 성질 보이기 버튼을 눌러 답을 확인하세요.

4-2. 점 B를 끌어 선분의 길이와 위치를 바꾸어 보세요. 위의 성질이 그대로 성립하는지 관찰하세요.

- 위 성질이 타당한 이유를 설명해 보세요.

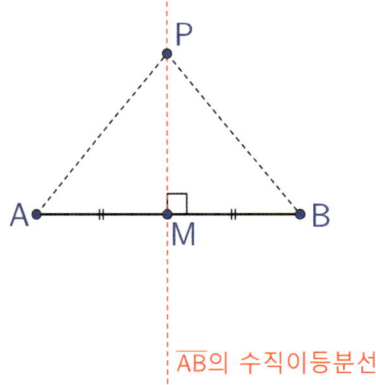

이유:

활동 5. [심화] 두 정점에서 같은 거리에 있는 점

5-1. 애플릿에서 점 P는 선분 AB의 양 끝에 이르는 거리가 같은 점입니다. 성질 보이기 버튼을 누르고, 점 P를 움직이면서 점 P가 선분 AB의 수직이등분선 위의 점임을 확인해 보세요. 관찰한 결과에서 얻은 사실을 통해 아래 문장을 완성하세요.

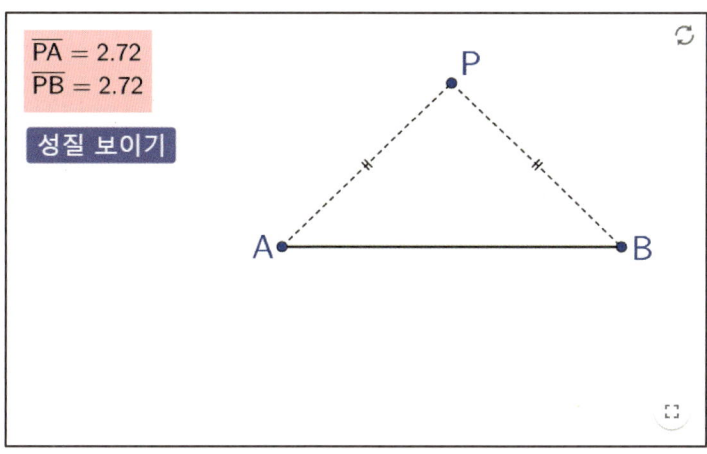

선분의 양 끝에서 같은 거리에 있는 점은

위에 있다.

5-2. 위의 성질은 선분의 길이와 위치를 바꾸어도 성립합니다. 애플릿에서 선분의 양 끝점을 끌어 이를 확인해 보고, 이것이 항상 타당한 이유를 설명해 보세요.

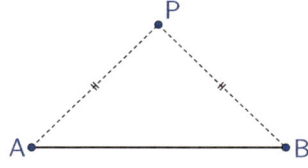

이유:

활동 6. 응용

6-1. 민영이 학교에서 실시한 운동회에서 공굴리기 경기를 하려고 합니다. 청군과 백군이 서로 다른 점 A와 B에서 출발하여 같은 반환점 C를 돌아 출발점 A와 B를 되돌아오게 하려고 합니다. 반환점 C를 어디에 어떻게 놓으면 좋을까요? 애플릿에서 점 C를 움직여 보고 결정하거나, 또는 이미 알고 있는 사실에 근거하여 답하세요.

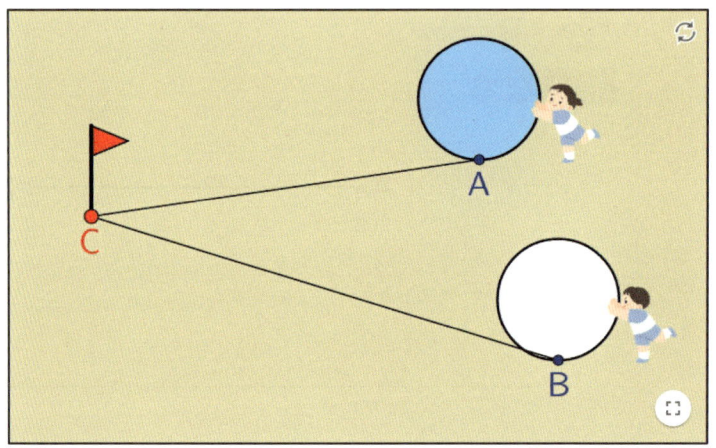

- 반환점 C를 정하는 방법:

활동 7. [심화] 응용과 확장

7-1. 세 편의점 A, B, C까지 거리가 같은 지점에 물류창고를 지으려고 합니다. 애플릿에서 물류창고를 끌어 적절한 위치로 옮겨 보세요.

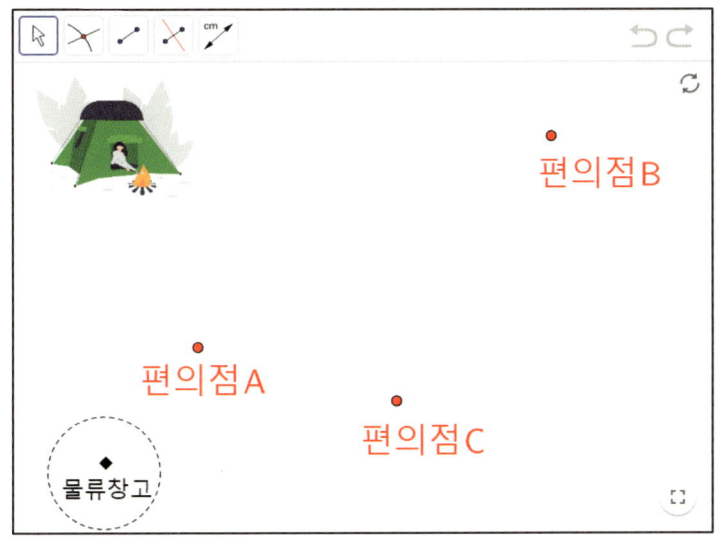

7-2. 물류창고의 정확한 위치를 찾기 위한 작도 방법을 말하고, 애플릿에서 정확한 위치를 작도해 보세요.

7-3. 왜 그 지점이 옳다고 생각합니까?

4. 야영장에서

7. 활동의 답

활동 1. 두 정점 중 가까이 있는 점 찾기

1-1.

텐트	가까이에 있는 편의점 (참고: 거리)
텐트1	편의점A (6.89 vs. 9.25)
텐트2	편의점B (8.01 vs. 6.7)
텐트3	편의점A (4.65 vs. 8.98)
텐트4	편의점B (8.08 vs. 5.83)

1-2. • 직관(시각)에 의존하여 판단 경우도 O.K.

또는 거리 또는 길이 [cm] 도구를 활용할 수 있다.

활동 2. 두 정점에서 같은 거리에 있는 점

2-1. 텐트5와 6을 각각 적당한 지점으로 옮길 수 있으나, 최종 위치는 거리를 측정하여 확인하게 한다.

2-2. [힌트보기 화면] 두 점 A, B에서 주어진 거리 $\overline{OX}$ 만큼 떨어져 있는 점은 두 원의 교점인 것을 보여 준다. 복수의 답이 가능하다. (점 O 또는 X를 움직여 선분 OX의 길이를 변경하면, 또 다른 지점 P, Q를 찾을 수 있다.)

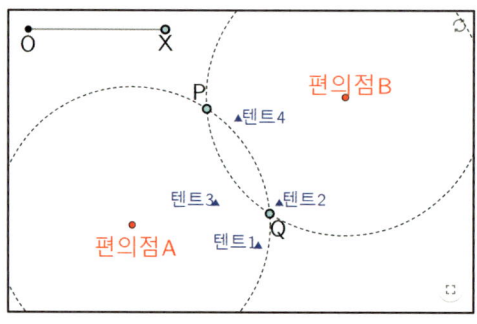

활동 3. 두 정점에서 같은 거리에 있는 점 더 찾기

3-1. 우선 임의의 점 A를 찍고 이 점을 움직이며 위치를 조정할 수 있다. 정확한 위치는 작도로 정한다.(편의점A와 편의점B를 각각 중심으로 하고, 반지름의 길이가 같은 두 원을 그려 교점에 텐트 7의 위치를 정하면 된다.)

3-2. 편의점A와 편의점B를 연결한 선분의 수직이등분선 위에 있다.
  • 활동 2의 [힌트보기]에서 편의점까지의 거리를 변경하면서 두 편의점과 텐트를 칠 수 있는 지점 사이의 관계를 추측할 수 있다.

- 활동 3의 [힌트보기] 편의점과 텐트지점과 관계 추측을 위해 Hint: 자취 보이기 버튼을 사용하여 자취를 남겨 위치를 관찰할 수 있다.

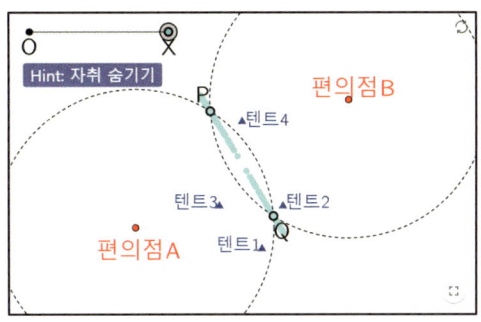

활동 4. [심화] 선분의 수직이등분선

애플릿에서 점 P를 움직여 보고 수직이등분선 위에 있는 점에 관한 성질을 추측하고 [성질을 확인]하게 한다.

4-1. 선분의 수직이등분선 위에 있는 점에서 선분의 양 끝에 이르는 거리는 같다.

4-2. 이 성질은 (아래 그림과 같이) 선분의 길이와 위치를 바꾸어도 그대로 성립한다.

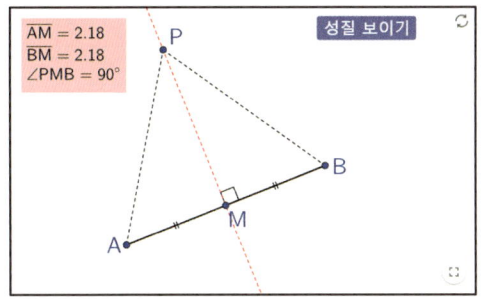

- 성질이 성립하는 이유

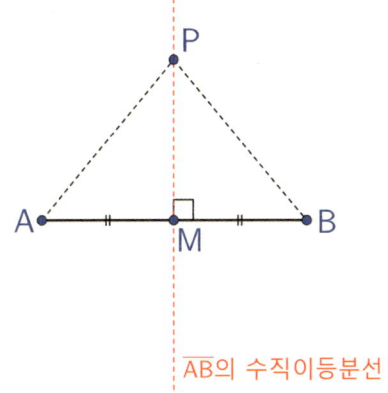

[가정] $\overline{AM} = \overline{BM}$ 이고 $\overline{PM} \perp \overline{AB}$ 이다.

[결론] $\overline{PA} = \overline{PB}$

[증명] 삼각형 PAM과 삼각형 PBM에서

$$\overline{AM} = \overline{BM}$$
$$\overline{PM} \text{은 공통인 변}$$
$$\angle PMA = \angle PMB = 90°$$
이므로
$$\triangle PAM \equiv \triangle PBM (\text{SAS 합동})$$
그러므로 대응변의 길이는 같다.
즉, $\overline{PA} = \overline{PB}$ 이다.

활동 5. 두 정점에서 같은 거리에 있는 점

5-1. 선분의 수직이등분선(위에 있다). 이 성질은 선분의 길이와 위치를 바꾸어도 성립한다.

5-2. 그렇다. 선분의 길이와 위치를 바꾸어도 성립한다.

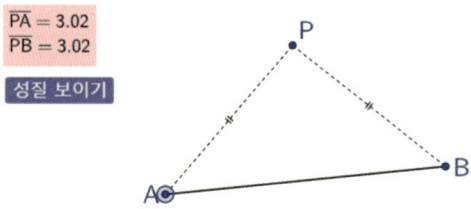

- 성질이 성립하는 이유

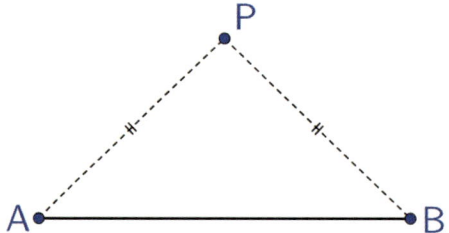

[가정] 선분 AP와 선분 BP의 길이가 같다.

[결론] 점 P는 선분 AB의 수직이등분선 위에 있다.

[증명] 선분 AB의 중점을 M이라 하면,

삼각형 PAM과 삼각형 PBM에서
$$\overline{AM} = \overline{BM}$$
$$\overline{AP} = \overline{BP}$$
$$\overline{PM} \text{은 공통}$$
이므로

$\triangle PAM \equiv \triangle PBM$ (SSS 합동)

그러므로 $\angle PMA = \angle PMB = 90°$

즉, $\overline{PM} \perp \overline{AB}$ 이다.

따라서 직선 PM은 선분 AB의 수직이등분선이다.

활동 6. 응용

6-1. 반환점은 A와 B에서 같은 거리에 있어야 하므로, 점 C는 선분 AB의 수직이등분선 위에 있는 한 점을 정하면 된다. 이유는 활동 5 참조.

활동 7. [심화] 응용과 확장

7-1. • 직관(시각)에 의존하여 판단하는 경우, 거리를 측정하여 추측을 확인할 수 있게 한다.
  • 물류창고의 위치를 이동하여 A와 B에서 같은 거리에 있는 점을 찾는다. (애플릿 화면에 거리가 나타나게 한 후, 개략적인 위치를 찾는다.)

7-2. 선분 AB의 수직이등분선 위에 있어야 하고, 마찬가지로 선분 BC의 수직이등분 위에 있어야 하므로 두 수직이등분선 위의 교점에 물류창고를 지으면 된다.

7-3. • 세 정점에서 같은 거리에 있는 점을 찾는 문제로 '선분의 수직이등분선의 성질'을 응용하는 문제이다.
  • 선분의 수직이등분선의 성질: 선분의 수직이등분선 위에 있는 점은 선분의 양 끝에서 같은 거리에 있다.

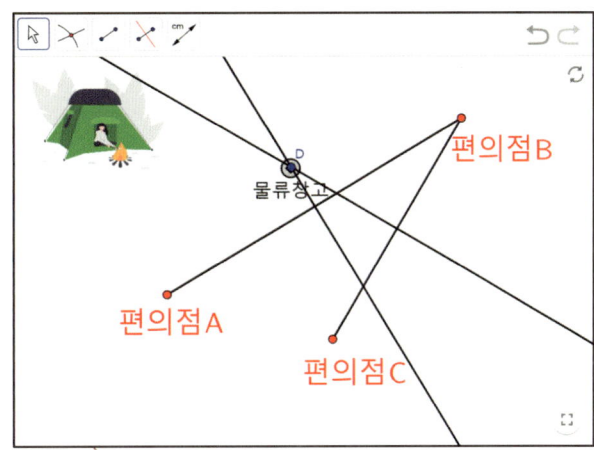

이유: 선분 AB의 수직이등분선과 선분 BC의 수직이등분선의 교점을 D라고 하면,

점 D는 선분 AB의 수직이등분선 위의 점이므로 $\overline{AD} = \overline{BD}$ …… ①

또, 점 D는 선분 BC의 수직이등분선 위의 점이므로 $\overline{BD} = \overline{CD}$ …… ②

①, ②에 의하여 $\overline{AD} = \overline{BD} = \overline{CD}$

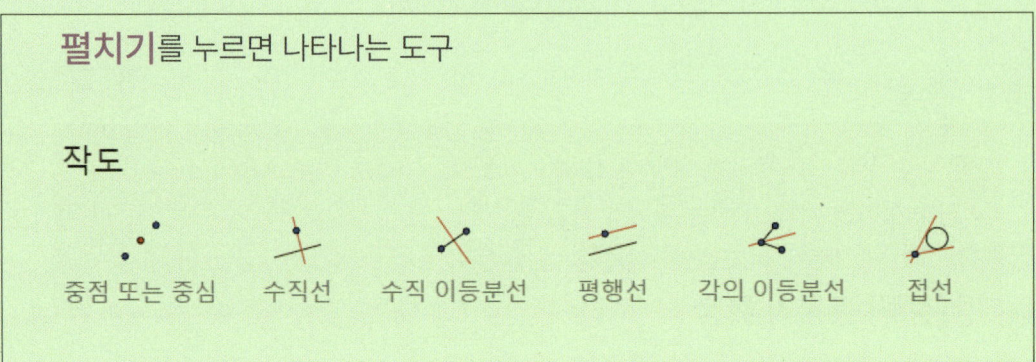

※ 앱에서 도구를 선택하면 사용 방법이 화면에 문장으로 나타난다.

5. 대형마트 위치

https://www.geogebra.org/m/hwmdhpnx

1. 활동의 목적

- 애플릿에서 점을 끌어 두 정점에서 같은 거리에 있는 점과 선분의 수직이등분선의 관계를 발견할 수 있다.
- 삼각형의 세 꼭짓점에서 같은 거리에 있는 점을 선분의 수직이등분선의 성질을 이용하여 찾을 수 있다.
- 삼각형의 종류에 따라 세 꼭짓점에서 같은 거리에 있는 점의 위치가 어떻게 달라지는지 관찰한다.
- 삼각형의 세 꼭짓점을 지나는 원을 작도할 수 있다.
- 애플릿에서 점을 끌어 삼각형 내부의 한 점에서 세 변에 이르는 거리가 같은 점을 찾을 수 있다.
- (심화) 삼각형의 세 변의 수직이등분선이 한 점에서 만남을 설명할 수 있다.

2. 필요한 능력

- 수학: 선분의 수직이등분선/각의 이등분선
- 지오지브라: 애플릿에서 점 끌기/작도(원) 도구 사용하기
- 관찰: 애플릿에서 도형의 모양을 바꿀 때, 변하지 않는 성질 관찰하기

3. 분류

수학영역	학년수준	ICT활용
도형	중 2	학생활동도구/문제제시

4. 활동 구성

두 점에서 같은 거리에 있는 점	삼각형의 세 꼭짓점(변)에서 같은 거리에 있는 점	확장/심화 삼각형의 외접원
• 애플릿: 점 끌기 • 예상과 확인 • 원의 작도	• 예각/직각/둔각삼각형에서 위치 탐색 • 관계 이해 • 작도	• 확장 • 작도 정당화 • 외심의 성질 정리

◎ QR 코드를 스캔하여 지오지브라 책 『대형마트 위치』를 연다. 이 지오지브라 책은 모두 5개의 지오지브라 활동 (활동 1. 같은 거리에 있는 위치 정하기, 활동 2. 마트 위치 찾기, 활동 3. 물류창고 위치, 활동 4. 도로 건설, 5. [심화] 직선까지의 거리)을 포함하고 있다.
각 지오지브라 활동에는 한 개 이상의 애플릿이 있으며 사용자는 지시에 따라 애플릿을 조작하며 활동을 수행한다.

5. 활동의 주안점

- 애플릿 화면에서 점을 끌어 이동하면서 측정값을 관찰하여 조건을 만족하는 점을 찾고, 해당 점이 다수인 경우 그 점들의 특징을 발견하게 한다.
- 세 꼭짓점에서 같은 거리에 있는 점을, 선분의 수직이등분선 성질을 이용하여, 두 변의 수직이등분선의 교점으로 찾게 한다.
- 삼각형의 세 꼭짓점에서 같은 거리에 있는 원이 존재함을 알게 한다. '외심' 등 용어는 나중에 도입한다.
- 원 그리기: 애플릿에서 중심이 있고 한 점을 지나는 원 ⊙ 도구를 이용한다.
- 원 위의 점: 점 ●ᴬ 도구를 클릭하고 원을 선택한다.
- 실생활에서 삼각형의 내심과 내접원에 관련된 문제를 애플릿에서 해결할 수 있도록 하는 활동이다.
- 두 변의 수직이등분선의 교점을 구한다. 세 변의 수직이등분선의 교점을 작도한다. [작도법] 수직이등분선 도구를 선택하고 선분을 클릭하여 수직이등분선을 작도한 후, 교점 도구를 선택하고 두 수직이등분선을 차례로 선택한다.
- 세 수직이등분선이 한 점에서 만나는 이유를 증명해 보도록 한다.

6. 활동 내용

활동 1. 같은 거리에 있는 위치 정하기

A아파트와 B아파트 정문 사이를 연결하는 길의 중간 지점에 작은 공원이 있습니다. C아파트 정문에서 공원에 이르는 거리를 A아파트와 B아파트 정문에서 공원까지 거리와 같게 하려고 합니다. (단, 아파트와 공원의 거리는 각 정문의 위치를 기준으로 합니다.)

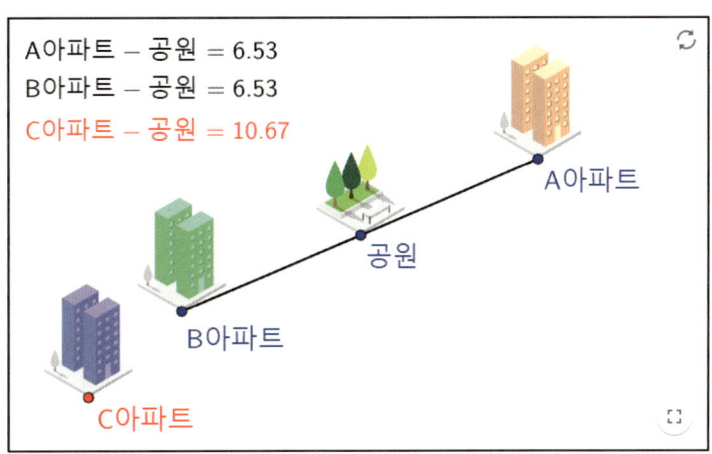

1-1. 애플릿에서 C아파트의 위치를 찾아보세요. C아파트의 위치를 A아파트와 B아파트, 공원까지 위치를 이용하여 어떻게 찾을 수 있을까요?

1-2. 위에서 찾은 C아파트의 위치 외에 다른 곳에도 세워질 수 있는지 탐색해 봅시다. 조건을 만족시키는 C아파트의 위치가 여러 곳이라면 그 위치가 어떤 특징을 가지는지 관찰해 보세요.

활동 2. 마트 위치 찾기

물류회사 K사는 세 개의 아파트 A단지, B단지, C단지에서 같은 거리에 떨어진 곳에 A마트를 세우고자 합니다. (단, 아파트단지와 마트의 거리는 각 정문의 위치를 기준으로 합니다.)

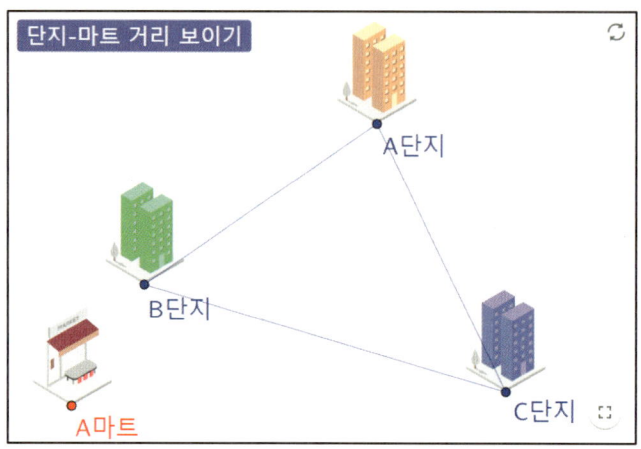

2-1. 애플릿에서 A마트를 끌어 적절한 위치로 옮겨 보세요. 점 A가 끌어지지 않을 경우, 화면 오른쪽 위에 있는 재설정 아이콘(⟳)를 클릭하세요. A마트를 세울 정확한 위치를 어떻게 찾을 수 있습니까?

또 다른 도시에서 A마트의 위치를 선정하려고 합니다.

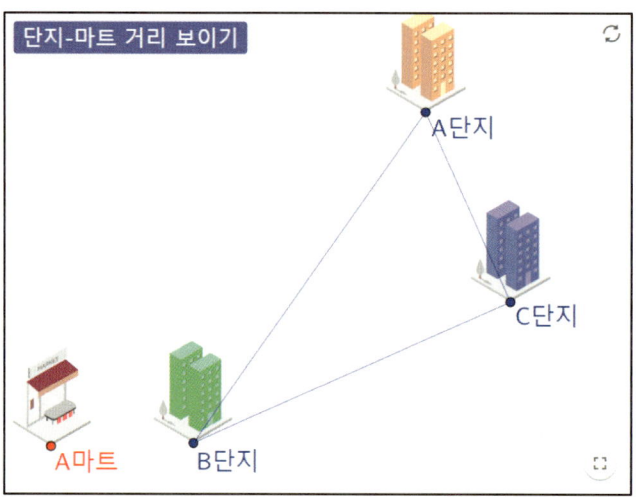

2-2. 애플릿에서 A마트를 끌어 마트의 적절한 위치를 찾아보세요. A마트를 세울 정확한 지점을 어떻게 찾을 수 있습니까?

또 다른 신도시에서 같은 기준으로 A마트의 위치를 선정하려고 합니다.

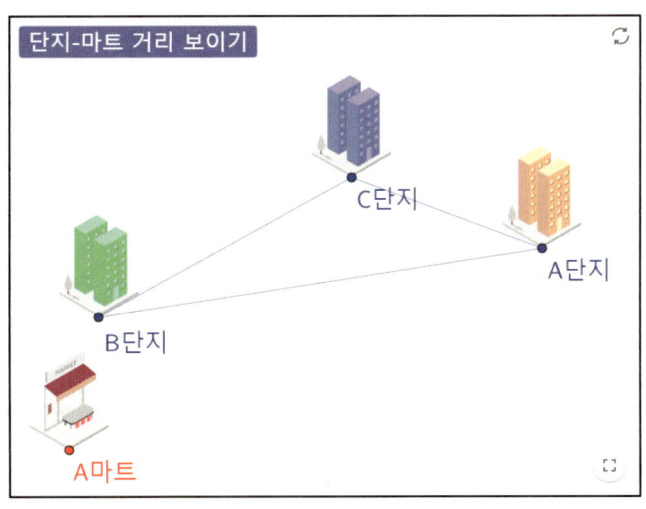

2-3. A마트의 위치를 애플릿에서 찾아보세요. 정확한 위치를 어떻게 찾을 수 있습니까?

활동 3. 물류창고 위치 선정

세 개의 편의점A, 편의점B, 편의점C로부터 같은 거리만큼 떨어진 곳에 창고를 세우려고 합니다.

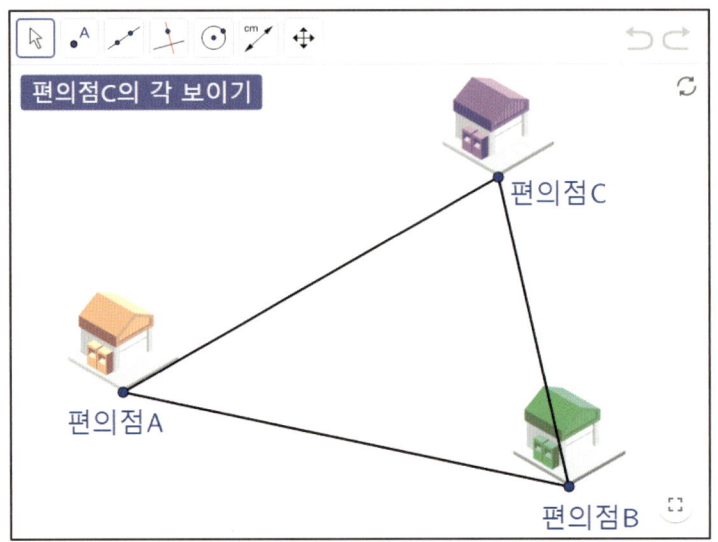

3-1. 애플릿에서 창고의 정확한 위치를 찾아보세요. 창고의 위치를 작도한 후, 거리 또는 길이 도구를 사용해 창고에서 세 편의점까지 거리가 같은지 확인해 보세요.

3-2. 애플릿에서 편의점C의 위치를 바꾸어 보세요. 3-1에서 작도하여 찾은 창고의 위치가, 각 C의 크기에 따라 어떻게 변하는지 관찰하여 다음을 완성하시오.

■ 삼각형의 세 꼭짓점에서 같은 거리에 있는 점의 위치

- 예각삼각형일 때: _____
- 직각삼각형일 때: _____
- 둔각삼각형일 때: _____

3-3. 편의점A, 편의점B, 편의점C를 모두 지나는 원 모양의 산책로를 만들려고 합니다. 3-1에서 작도하여 찾은 창고의 위치와 중심이 있고 한 점을 지나는 원 도구를 사용하여 작도하고 다음을 완성하시오.

- 세 점에서 떨어진 거리가 같은 점을 찾는 방법

- 주어진 세 점을 모두 지나는 원의 작도 방법

- 삼각형의 세 꼭짓점을 지나는 원을 삼각형의 외접원이라고 하고, 외접원의 중심을 삼각형의 외심이라고 합니다.

활동 4. 도로 건설

애플릿에서와 같이 서로 만나는 직선도로가 있습니다. 직선도로가 만나서 이루어지는 삼각형의 내부의 한 점에 창고를 세우고 각 도로에 이르는 작은 도로 3개를 건설하려고 합니다. 작은 도로는 현재 도로와 수직인 방향으로만 건설할 수 있습니다.

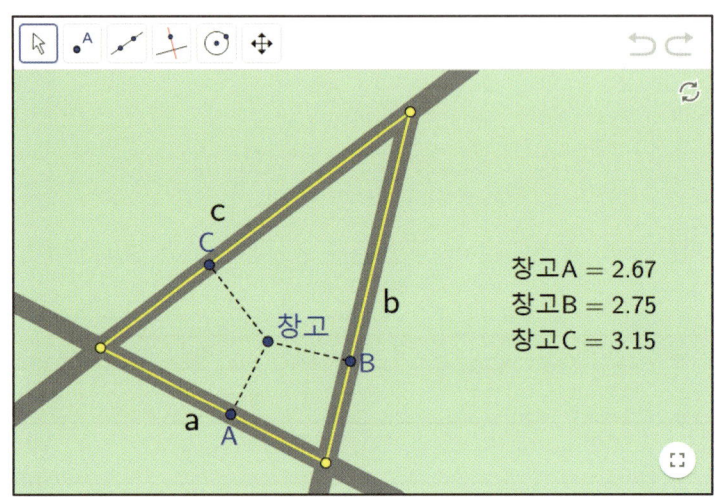

- 참고: 점에서 직선까지 거리는 그 점에서 직선에 내린 수선의 발까지의 거리를 말합니다.
※ 애플릿에서 "창고A = (수)"는 창고에서 도로 a까지 거리를 나타낸 것입니다.

4-1. 애플릿에서 점(창고)을 끌어 도로 b와 c에 이르는 거리가 서로 같게 하는 창고의 위치를 찾아보세요. 이 점들은 어떤 특징이 있습니까? 애플릿에서 작도하여 여러분의 추측을 확인해보세요.

4-2. 애플릿에서 세 도로 a, b, c에 이르는 거리가 같도록 창고의 위치를 찾으세요. 어떤 점이 될까요?

4-3. 세 도로 a, b, c에 모두 접하는 원 모양의 길을 만들려고 합니다. 애플릿에서 작도하고 다음을 완성하시오.

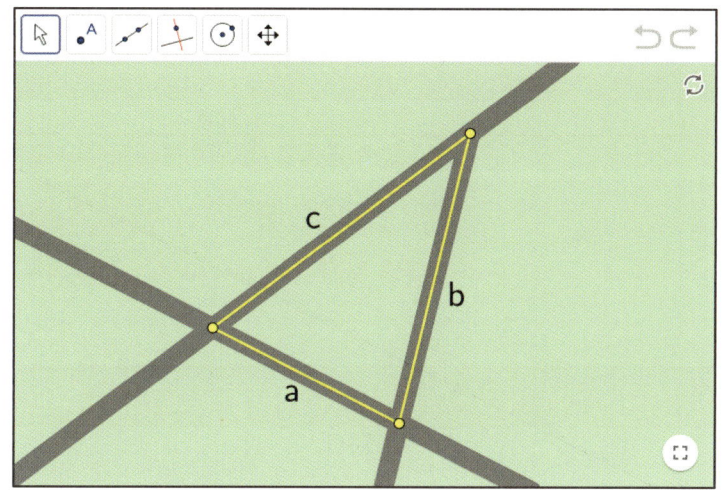

• 삼각형의 세 변에서 같은 거리에 점을 찾는 방법

• 삼각형의 세 변에 접하는 원의 작도 방법:

• 삼각형의 세 변에 접하는 원을 삼각형의 내접원이라고 하고, 내접원의 중심을 삼각형의 내심이라고 합니다.

활동 5. [심화] 직선까지의 거리

애플릿에서 점 P에서 직선까지의 거리를 구해봅시다.

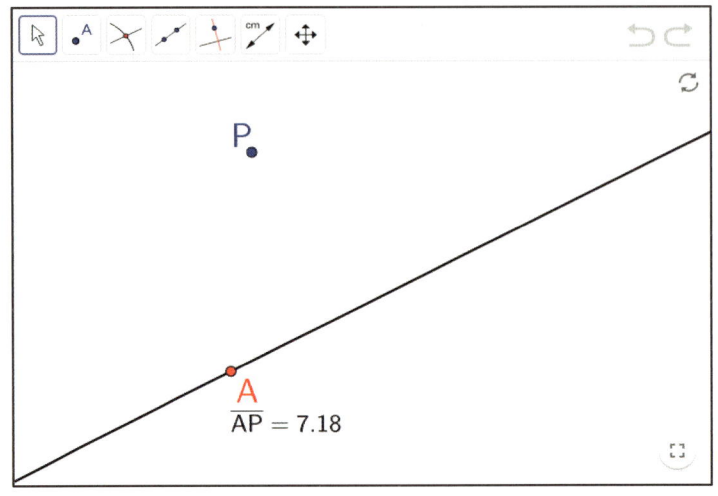

5-1. 애플릿에서 직선 위의 점 A를 움직이며 점 P까지의 거리가 최소가 되는 위치를 찾아보세요. 거리의 최솟값은 얼마입니까?

5-2. 점 P까지의 거리가 최소가 되게 하는 점 A의 위치가 여러 곳입니까?

5-3. 한 점에서 직선까지의 거리를 다음과 같이 약속합니다.

> • 한 점에서 직선까지의 거리는 **"그 점에서 직선 위에 있는 점에 이르는 가장 가까운 거리"**이다.

- 이렇게 약속한 것이 타당하다고 생각합니까?

- 그렇게 생각하는 이유

7. 활동의 답

활동 1. 같은 거리에 있는 위치 정하기

1-1. 거리를 보며 공원에서 6.53되는 지점에 C아파트를 놓는다. C아파트의 정확한 위치는 공원을 원의 중심으로 하고 A아파트와 B아파트를 지름으로 하는 원 위의 한 점에 C아파트를 위치하도록 하면 된다.

1-2. 원 위에 있는 점은 모두 조건을 만족시키므로 C아파트의 위치로 가능한 지점은 무수히 많다.

활동 2. 마트 위치 찾기

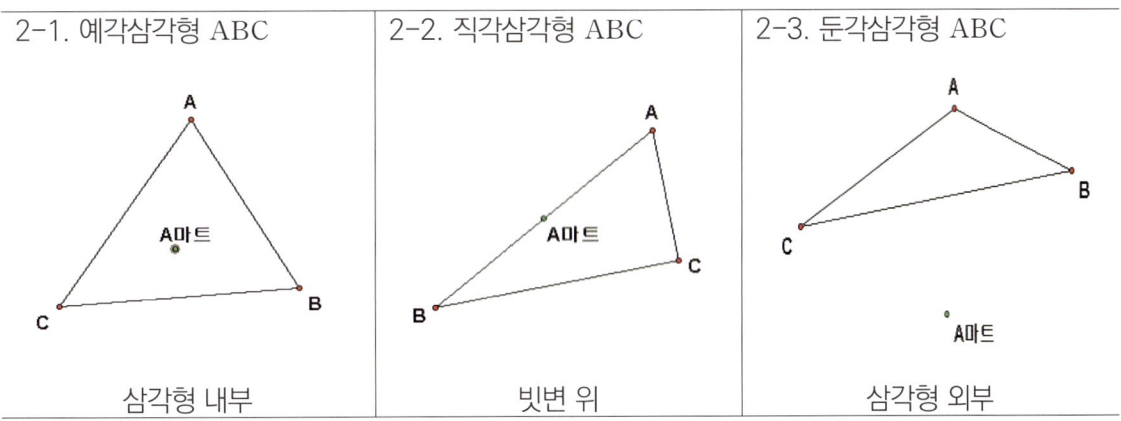

활동 3. 물류창고의 위치

3-1.

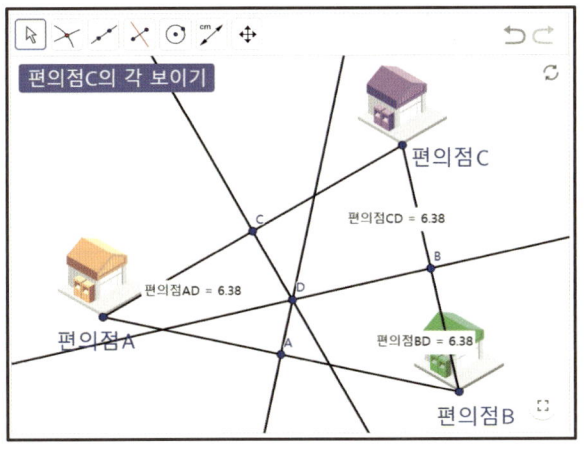

편의점A, 편의점B, 편의점C에서 같은 거리만큼 떨어진 곳은 편의점A, 편의점B, 편의점C로 연결하여 만든 삼각형의 세 변의 수직이등분선의 교점이다. 세 변의 수직이등분선은 한 점에서 만나고 이 점이 창고의 위치이다.

3-2. 삼각형의 세 꼭짓점에서 같은 거리에 있는 점의 위치
- 예각삼각형: 삼각형이 내부
- 직각삼각형: 빗변의 중점
- 둔각삼각형: 삼각형의 외부

3-3. 3-1.에서 찾은 점인 창고의 위치를 중심으로 하고 편의점까지의 거리를 반지름으로 하는 원을 그리면 편의점A, 편의점B, 편의점C를 지나는 원 모양의 산책로가 만들어진다.

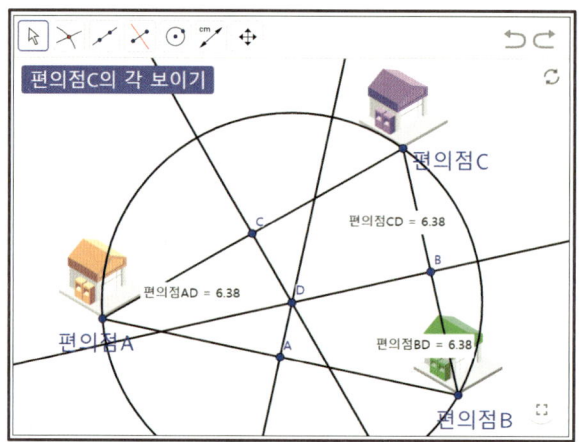

- 세 점에서 떨어진 거리가 같은 점을 찾는 방법: 세 점을 연결하여 만든 삼각형의 세 변의 수직이등분선의 교점
- 주어진 세 점을 모두 지나는 원의 작도 방법: 세 점을 연결하여 만든 삼각형의 세 변의 수직이등분선의 교점을 원의 중심으로 하고 원의 중심과 삼각형의 꼭짓점까지의 거리를 반지름으로 하는 원을 그린다.

활동 4. 도로 건설

4-1. 창고를 끌어 위치를 바꾸면서 창고에서 도로 b까지의 거리, 창고에서 도로 c까지의 거리를 나타난 값들이 같아지는 지점을 찾는다. 이 점들은 두 도로 b와 c가 이루는 각의 이등분선 위에 있다. 각의 이등분선 도구를 이용하여 추측을 확인할 수 있다.

4-2. 애플릿 화면에서 각의 이등분선 도구를 선택한 후 도로 a와 도로 c가 만나서 이루는 각의 이등분선을 작도하여 두 내각의 이등분선의 교점에 창고를 지으면 된다.

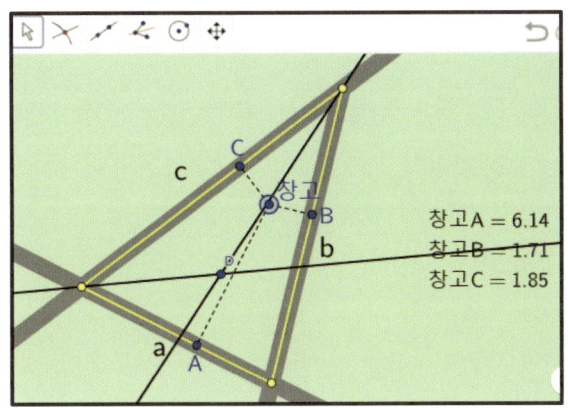

4-3. 세 개의 도로로 이루어진 삼각형의 내각의 이등분선의 교점을 원의 중심으로 하고 삼각형의 세 변에 이르는 거리를 반지름으로 하는 원을 그린다.

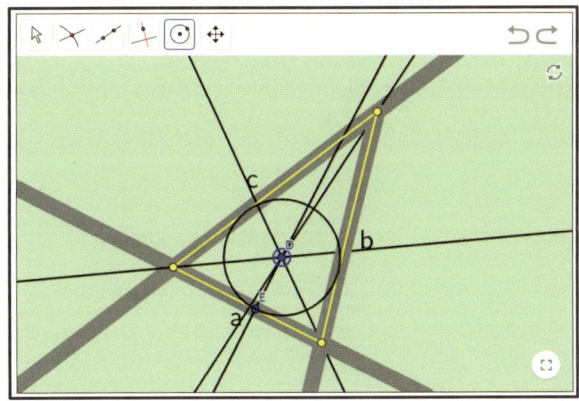

- 삼각형의 세 변에서 같은 거리에 있는 점을 찾는 방법:
  삼각형의 세 내각의 이등분선의 교점을 구한다.
- 삼각형의 세 변에 접하는 원의 작도 방법:
  삼각형의 세 내각의 이등분선의 교점을 원의 중심으로 하고 원의 중심과 세 변의 이르는 거리를 반지름으로 하는 원을 그린다.

활동 5. [심화] 직선까지의 거리

5-1. 6.08

5-2. 한 곳뿐이다.

5-3. 최단 거리는 유일한 하나의 값으로 정해지기 때문이다.
　　 ※ 이유는 학생의 수준에 따라 다양한 설명이 가능하다.

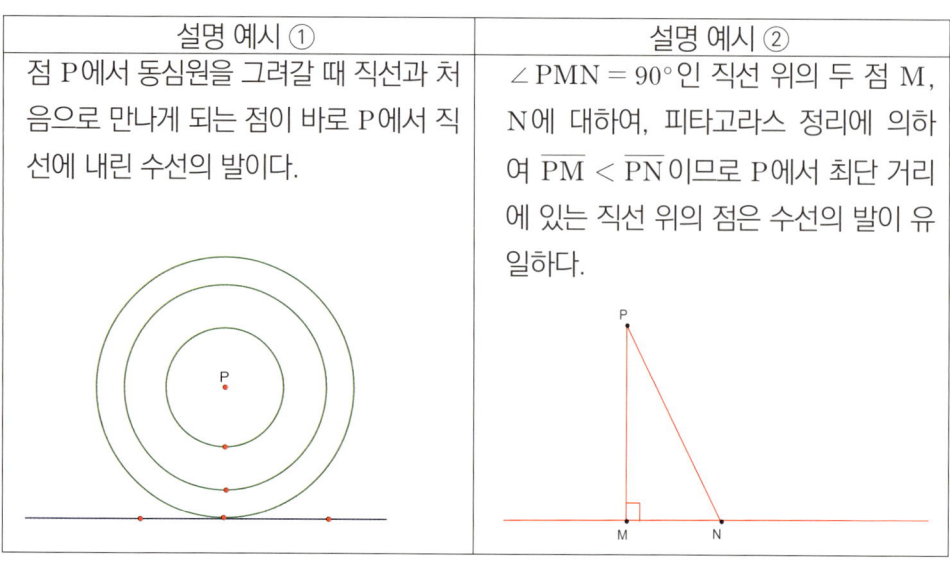

(보충설명) 가장 가까운 점은 점 P에서 직선에 내린 수선의 발(수선이 직선과 만나는 점)이다.

6. 네모를 찾아서

https://www.geogebra.org/m/caahxcsb

1. 활동의 목적

- 애플릿에서 주어진 사각형(평행사변형, 직사각형, 마름모, 정사각형)의 꼭짓점을 끌어 모양과 크기를 변형시키면서 각 도형에서 변하지 않는 성질을 탐색한다.
- 평행사변형, 직사각형, 마름모, 정사각형의 정의와 성질을 말할 수 있다.
- 사각형의 여러 성질이 성립하는 이유를 설명할 수 있다.
- 사각형의 성질이 실생활에서 어떻게 적용되는지 안다.

2. 필요한 능력

- 수학: 평행선의 성질/삼각형의 합동조건/추론 능력
- 지오지브라: 점 끌기
- 관찰: 도형의 크기나 위치, 모양이 변할 때 변하지 않는 성질 관찰하기

3. 분류

수학영역	학년수준	ICT활용
도형	중 2	학생활동도구/문제제시

4. 활동 구성

맥락과 사각형		애플릿으로 성질 확인 사각형 '정의' 확인, 사각형 성질 탐구		성질 이해와 적용
• 평행사변형 • 직사각형 • 마름모		• 점 끌기로 탐구 • 성질 찾기		• 정당화 • 확장 도형의 활용 사례

 ◎ QR 코드를 스캔하여 지오지브라 책 『네모를 찾아서』를 연다. 이 지오지브라 책은 모두 4개의 지오지브라 활동 (활동 1. 평행사변형, 활동 2. 직사각형, 활동 3. 마름모, 활동 4. 정사각형)을 포함하고 있다.

각 지오지브라 활동에는 한 개 이상의 애플릿이 있으며 사용자는 지시에 따라 애플릿을 조작하며 활동을 수행한다.

5. 활동의 주안점

- 지오지브라 애플릿으로 평행사변형/직사각형/마름모/정사각형의 크기와 위치, 모양을 바꾸면서 변하지 않는 성질을 관찰하여 각 도형의 성질을 발견할 수 있게 한다.
- 정의와 성질을 구분하고, 도형의 정의에서 합리적인 추론으로 성질을 이끌어낼 수 있게 한다.

6. 활동 내용

활동 0. 사각형 나라

주변에서 평행사변형, 직사각형, 마름모, 정사각형을 찾아보세요. 그림에 보이는 사각형의 이름이 실제 사각형의 이름과 다를 수 있습니다. 아래 그림에서 보이는 대로의 도형과 실제 도형에 해당하는 사물을 모두 찾으세요.

[그림에 보이는 사각형]
- 평행사변형: _____
- 직사각형: _____
- 마름모: _____
- 정사각형: _____
- 기타: _____

[사각형의 실제 모양]
- 평행사변형: _____
- 직사각형: _____
- 마름모: _____
- 정사각형: _____
- 기타: _____

활동 1. 평행사변형

다음과 같은 사각형을 평행사변형이라 부릅니다.

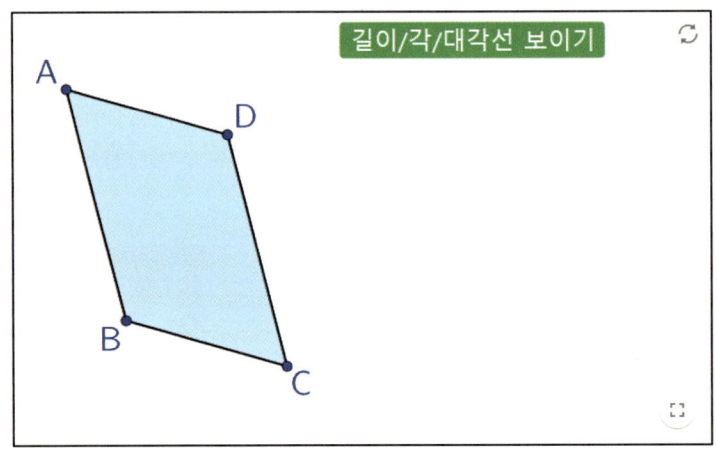

1-1. 애플릿에서 점 A, B, C를 각각 움직이면서 도형을 관찰해 보세요.

버튼 길이/각/대각선 보이기 을 눌러 변의 길이, 각의 크기, 대각선의 길이의 측정한 값을 관찰하면서 평행사변형의 특징을 찾아보세요.

- 평행사변형의 특징

1-2. 평행사변형의 정의는 다음과 같습니다.

> 평행사변형: "두 쌍의 대변이 각각 평행인 사각형"

평행사변형의 정의를 써보세요.

_____

_____

1-3 '정의' 이외의 다른 특징들을 '성질'이라 부릅니다. 평행사변형의 성질을 있는 대로 써 보세요.

_____

_____

_____

1-4. 두 쌍의 대변이 각각 평행이면 어떤 성질이 타당한지, 애플릿에서 성질1, 성질2, 성질3 버튼을 각각 눌러 성질을 확인하고, 다음에 성질을 써보세요.

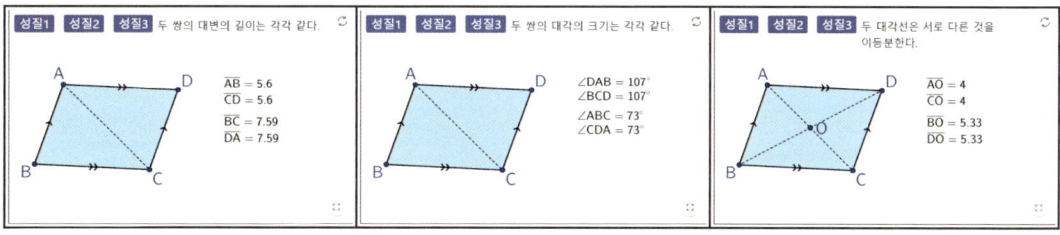

- 성질1

_____

_____

- 성질2

_____

_____

- 성질3

_____

_____

6. 네모를 찾아서

꼭짓점 A, B, C를 끌어 모양을 바꾸어 보면서 위 성질이 항상 옳은지 확인해 보세요.

`성질1`, `성질2`, `성질3` 이 항상 옳습니까?

- `성질1`, `성질2`, `성질3` 이 항상 타당한 이유를 각각 증명해 보세요.
- `성질1` 두 쌍의 대변의 길이는 각각 같다.

(가정) $\overline{AB} \,/\!/\, \overline{DC}$, $\overline{AD} \,/\!/\, \overline{BC}$
(결론) $\overline{AB} = \overline{CD}$, $\overline{AD} = \overline{BC}$

(증명)

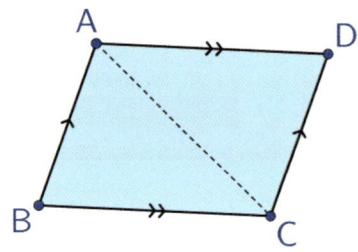

- `성질2` 두 쌍의 대각의 크기는 각각 같다.

(가정) $\overline{AB} \,/\!/\, \overline{DC}$, $\overline{AD} \,/\!/\, \overline{BC}$
(결론) $\angle A = \angle C$, $\angle B = \angle D$

(증명)

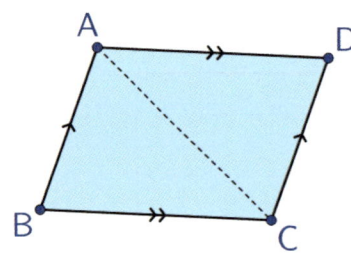

- **성질3** 두 대각선은 서로 다른 것을 이등분한다.

(가정) $\overline{AB} \parallel \overline{DC}$, $\overline{AD} \parallel \overline{BC}$　　　　(증명)

(결론) $\overline{AO} = \overline{CO}$, $\overline{BO} = \overline{DO}$

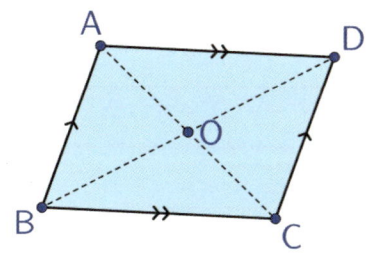

1-5. 두 쌍의 대변의 길이가 각각 같은 사각형은 평행사변형입니다. 그 이유를 설명해 보세요.

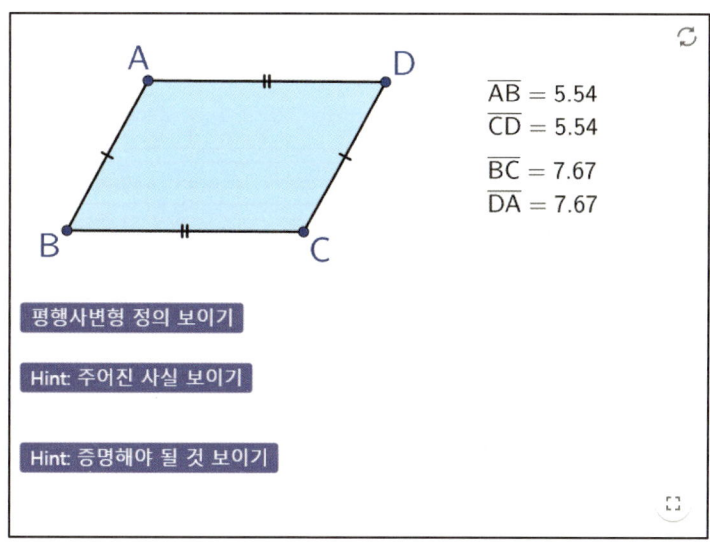

- 주어진 사실

• 증명해야 할 것

___

• 두 쌍의 대변의 길이가 각각 같은 사각형이 평행사변형인 이유

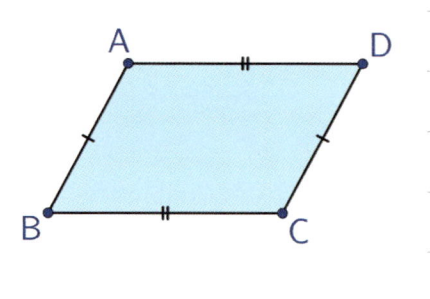

(증명)

___

1-6. 두 쌍의 대각의 크기가 각각 같은 사각형은 평행사변형입니다. 그 이유를 설명해 보세요.

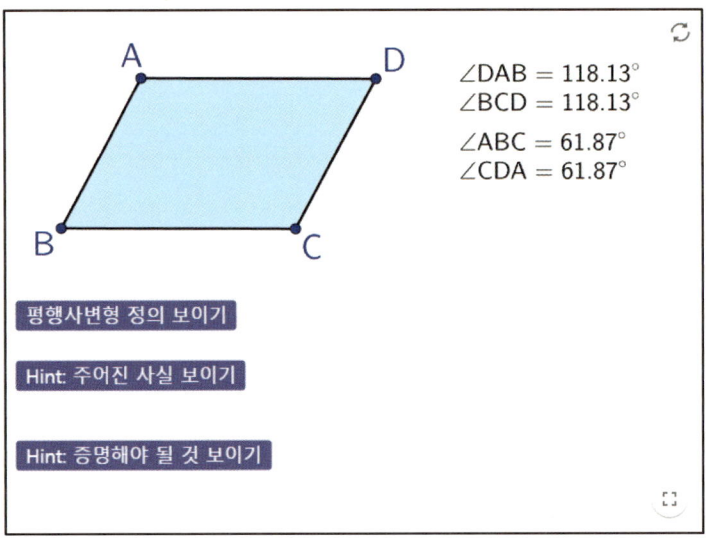

- 주어진 사실

- 증명해야 할 것

- 두 쌍의 대각의 길이가 각각 같은 사각형이 평행사변형인 이유

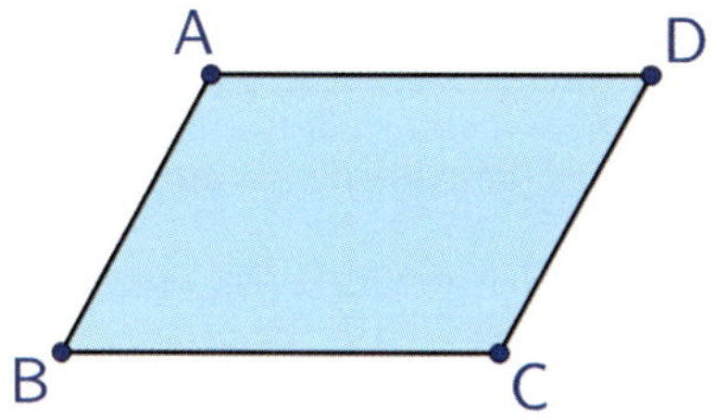

(증명)

활동 2. 직사각형

다음과 같은 사각형을 직사각형이라 부릅니다.

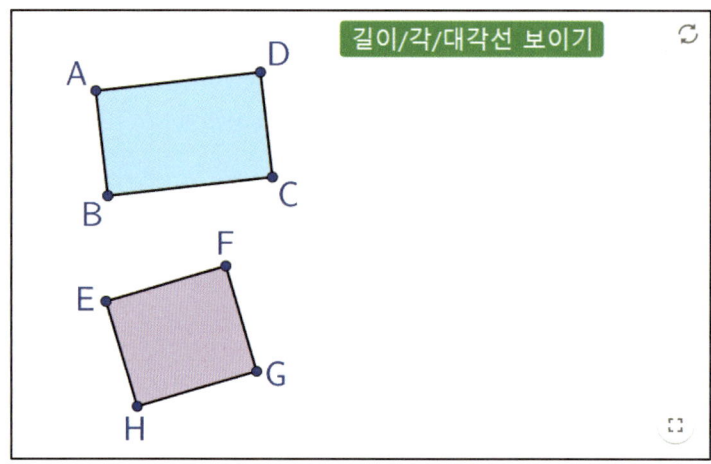

2-1. 애플릿에서 꼭짓점 A, B, C, 그리고 E, F 움직이면서 도형을 관찰하세요. 길이/각/대각선 보이기 버튼을 눌러 변의 길이와 각의 크기의 측정값을 보고 직사각형의 특징을 말해보세요.

2-2. 직사각형의 정의는 다음과 같습니다.

> 직사각형: "네 각의 크기가 모두 같은 사각형"

직사각형의 정의를 써보세요.

2-3. '정의' 이외의 다른 특징들을 성질이라 부릅니다. 직사각형의 성질을 있는대로 말해보세요.

2-4. 사각형의 네 각의 크기가 같으면 어떤 성질이 타당한지, 애플릿에서 성질1, 성질2, 성질3 버튼을 각각 눌러 성질을 확인해 보세요.

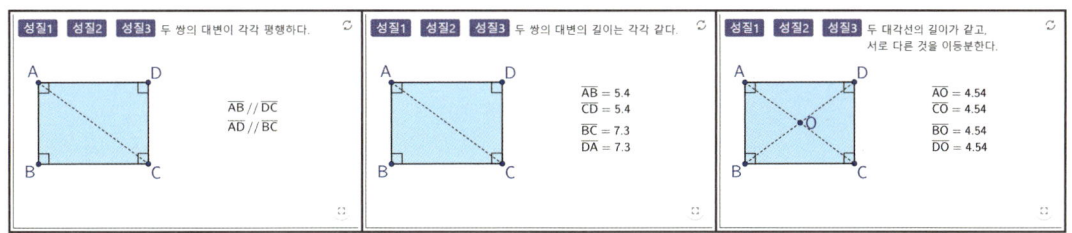

- 각 성질이 항상 타당한 이유를 각각 증명해보세요.
- 성질1 두 쌍의 대변이 각각 평행하다.

(가정) ∠A = ∠B = ∠C = ∠D (= 90°)   (증명)
(결론) $\overline{AB}$ ∥ $\overline{DC}$, $\overline{AD}$ ∥ $\overline{BC}$

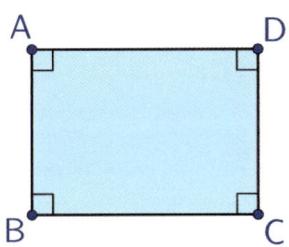

- **성질2** 두 쌍의 대변의 길이가 각각 같다.

(가정) ∠A = ∠B = ∠C = ∠D (= 90°)　　(증명)
(결론) $\overline{AB} = \overline{DC}$, $\overline{AD} = \overline{BC}$

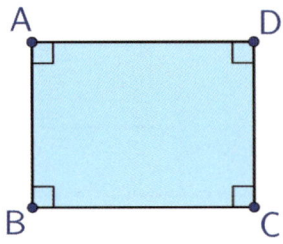

- **성질3** 두 대각선의 길이가 같고, 서로 다른 것을 이등분한다.

(가정) ∠A = ∠B = ∠C = ∠D (= 90°)　　(증명)
(결론) $\overline{AO} = \overline{CO} = \overline{BO} = \overline{DO}$

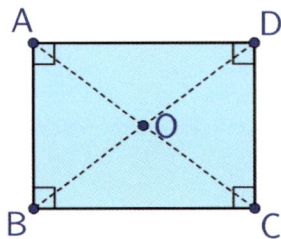

2-5. 아래 사진에서 설치하려는 목조 문틀의 두 모서리 부근 나무막대를 가로질러 놓은 것을 볼 수 있습니다(원의 내부). 그렇게 해놓은 이유가 무엇인지 의견을 써봅시다. 또 이렇게 두 곳이면 충분합니까?

- 이유:

활동 3. 마름모

다음과 같은 사각형을 마름모라고 부릅니다.

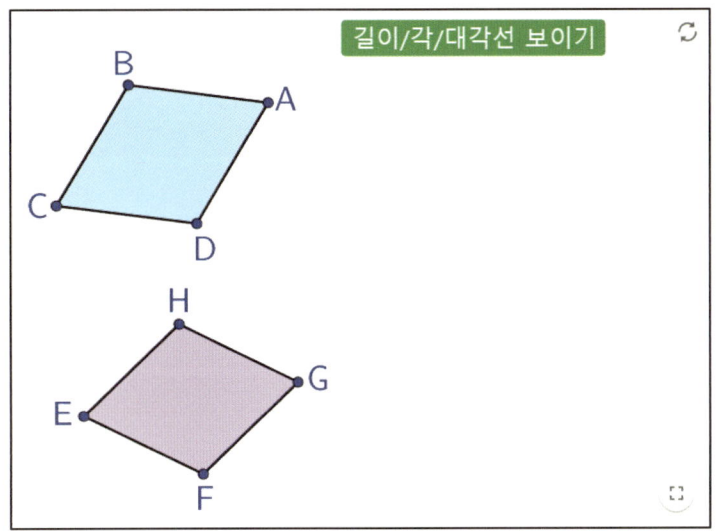

6. 네모를 찾아서

3-1. 애플릿에서 꼭짓점 A, B, D, E, H, F를 움직이면서 도형을 관찰해 보세요. `길이/각/대각선 보이기`
버튼을 눌러 변의 길이와 각의 크기의 측정값을 보고 마름모의 특징을 찾아보세요.

_____

3-2. 마름모의 정의는 다음과 같습니다.

> 마름모: "네 변의 길이가 모두 같은 사각형"

마름모의 정의를 아래에 써 보세요.

_____

3-3. '정의' 이외의 다른 특징들을 성질이라 부릅니다. (평행사변형에는 없는) 마름모의 성질을 써보세요.

_____

3-4. 네 변의 길이가 같으면 왜 다음 성질이 타당한지 설명해 보세요.

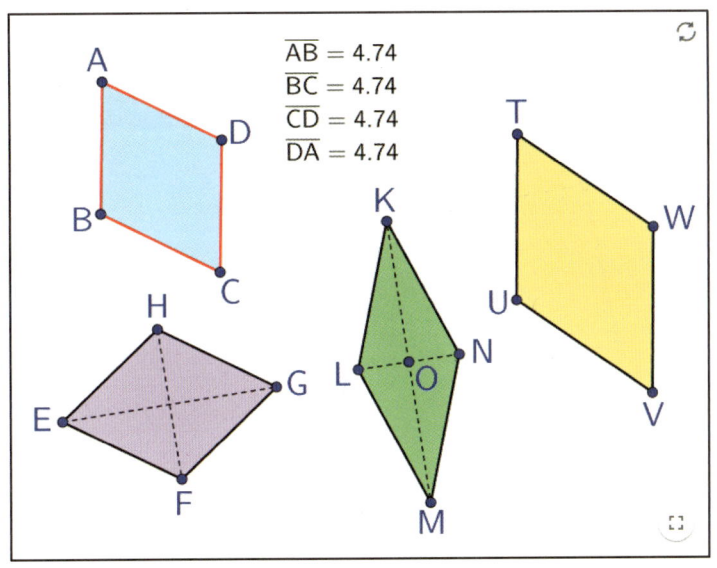

- 평행사변형의 모든 성질을 갖는다.

- 두 대각선은 서로 다른 것을 수직이등분한다.

활동 4. 정사각형

다음과 같은 사각형을 정사각형이라 부릅니다.

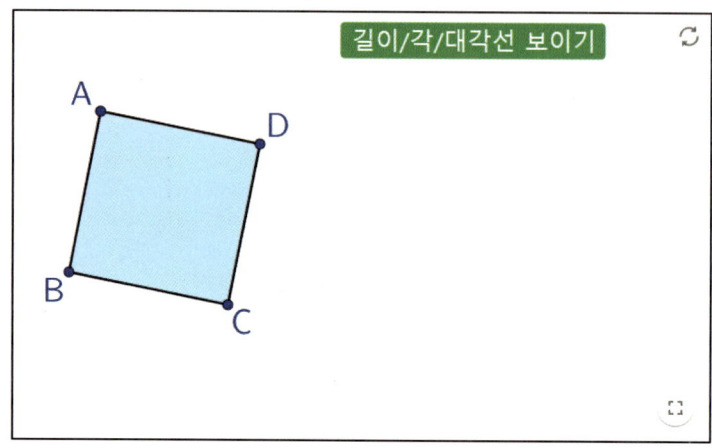

4-1. 애플릿에서 꼭짓점 A, D를 움직여 보고, 길이/각/대각선 보이기 버튼을 눌러 변의 길이와 각의 크기의 측정값을 관찰하면서 정사각형의 특징을 말해보세요.

___

___

___

___

___

4-2. 정사각형의 정의는 다음과 같습니다.

> 정사각형: "네 변의 길이가 모두 같고, 네 각의 크기가 모두 같은 사각형"

정사각형의 정의를 아래에 써 보세요.

___

___

4-3. '정의' 이외의 다른 특징들을 성질이라 부릅니다. 정사각형의 성질을 모두 말해보세요. (평행사변형, 직사각형, 마름모에는 없는) 정사각형의 성질은 무엇입니까?

4-4. 네 내각의 크기가 같고, 네 변의 길이가 같으면 왜 다음 성질이 타당한지 그 이유를 설명해 보세요.

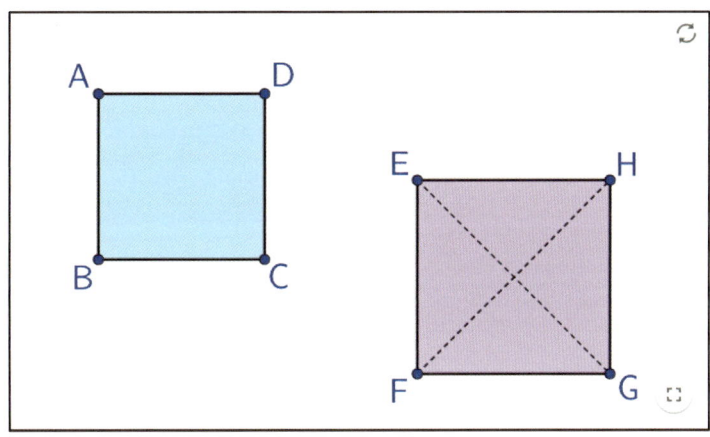

- 직사각형과 마름모의 모든 성질을 갖는다.

- 두 대각선은 길이가 같고, 서로 다른 것을 수직이등분한다.

7. 활동의 답

활동 0. 사각형 찾기

사각형의 이름을 확인하는 정도에서 다양한 답을 수용하기로 한다.
[그림에 보이는 사각형]
- 평행사변형: 2.펜던트, 3.테이블, 다리 옆면, ⋯ 잡지꽂이(옆면), 방석, 4.펜던트, 5.창틀, 작은 유리창, 6.이쑤시개통(윗면, 앞면, 옆면)
- 직사각형: (2.펜던트) 5.창틀, 작은 유리창
- 마름모: 2. 펜던트, 3. 테이블 윗면, 방석 4.펜던트, (6. 요지통 윗면)
- 정사각형: 없음.
- 기타: 사다리꼴 1.문틀

[사각형의 실제 모양]
- 평행사변형: 1. 문틀, 2. 펜던트, 3. 테이블 윗면, 다리 옆면, ⋯ 잡지꽂이(옆면), 방석, 4. 귀걸이, 5. 창틀, 작은 유리창, 6. 이쑤시개통(윗면, 앞면, 옆면)
- 직사각형: 1. 문틀 2. 펜던트 3. 테이블 윗면, 다리 옆면, ⋯ 잡지꽂이(옆면), 방석, 5.창틀, 작은 유리창, 6. 이쑤시개통(윗면, 앞면, 옆면)
- 마름모: 2. 펜던트, 3. 테이블 윗면, 4. 귀걸이
- 정사각형: 2. 펜던트, 3. 테이블 윗면
- 기타:

활동 1. 평행사변형

1-1. ① 두 쌍의 대변이 각각 평행하다.
  ② 두 쌍의 대변의 길이는 각각 같다.
  ③ 두 쌍의 대각의 크기는 각각 같다.
  ④ 두 대각선은 서로 다른 것을 이등분한다.
  ⑤ 대각선의 교점을 중심으로 점대칭이다.
1-2. 정의: 두 쌍의 대변이 각각 평행한 사각형
1-3. ① 두 쌍의 대변의 길이는 각각 같다.
  ② 두 쌍의 대각의 크기는 각각 같다.
  ③ 두 대각선은 서로 다른 것을 이등분한다.
  ④ 대각선의 교점을 중심으로 점대칭이다.
1-4. • **성질1** 두 쌍의 대변의 길이는 각각 같다.

(가정) $\overline{AB}$ // $\overline{DC}$, $\overline{AD}$ // $\overline{BC}$
(결론) $\overline{AB}$ = $\overline{CD}$, $\overline{AD}$ = $\overline{BC}$

(증명)
△ABC와 △CDA에서 $\overline{AB}$ // $\overline{DC}$이므로
∠BAC = ∠DCA(엇각)…㉠
$\overline{AD}$ // $\overline{BC}$이므로
∠ACB = ∠CAD(엇각)…㉡
또, $\overline{AC}$는 공통인 변…㉢
이므로 ㉠, ㉡, ㉢으로부터
△ABC ≡ △CDA
따라서, $\overline{AB}$ = $\overline{CD}$, $\overline{AD}$ = $\overline{BC}$

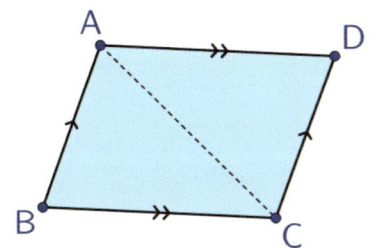

- **성질2** 두 쌍의 대각의 크기는 각각 같다.

(가정) $\overline{AB}$ // $\overline{DC}$, $\overline{AD}$ // $\overline{BC}$
(결론) ∠A = ∠C, ∠B = ∠D

(증명)
성질1의 증명 과정에 △ABC ≡ △CDA이므로
∠B = ∠D이다.
같은 방법으로 △ABD ≡ △CDB이므로
∠A = ∠C

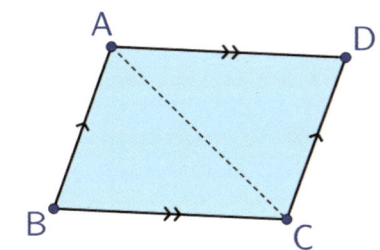

- **성질3** 두 대각선은 서로 다른 것을 이등분한다.

(가정) $\overline{AB}$ // $\overline{DC}$, $\overline{AD}$ // $\overline{BC}$
(결론) $\overline{AO}$ = $\overline{CO}$, $\overline{BO}$ = $\overline{DO}$

(증명)
△AOB와 △COD에서
∠BAO = ∠DCO(엇각)
∠ABO = ∠CDO(엇각)
$\overline{AB}$ = $\overline{CD}$ (**성질1**)
이므로 △AOB ≡ △COD
따라서, $\overline{AO}$ = $\overline{CO}$, $\overline{BO}$ = $\overline{DO}$

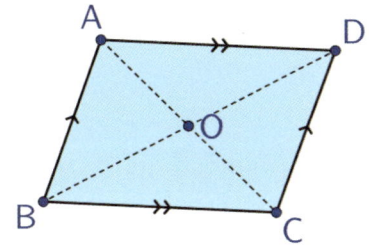

1-5.
- 주어진 사실: 두 쌍의 대변의 길이가 각각 같다. $\overline{AB}$ = $\overline{CD}$, $\overline{AD}$ = $\overline{BC}$
- 증명해야 할 것: 두 쌍의 대변이 각각 평행하다. $\overline{AB}$ // $\overline{DC}$, $\overline{AD}$ // $\overline{BC}$
- (증명)

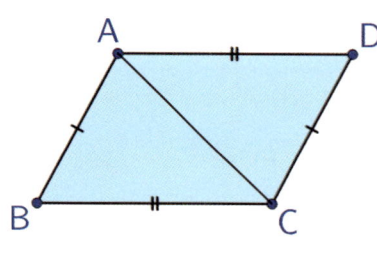

(증명)

두 쌍의 대변의 길이가 각각 같은 □ABCD에서 대각선 AC를 그으면 △ABC와 △CDA에서

$\overline{AB} = \overline{CD}$ ···㉠

$\overline{BC} = \overline{DA}$ ···㉡

$\overline{AC}$는 공통인 변 ···㉢

이다. ㉠, ㉡, ㉢에 의해 세 대응변의 길이가 각각 같으므로 △ABC ≡ △CDA이다.

따라서 ∠BAC = ∠DCA, ∠BCA = ∠DAC이다.

즉, 엇각의 크기가 각각 같으므로 $\overline{AB}$ ∥ $\overline{DC}$, $\overline{AD}$ ∥ $\overline{BC}$이다.

1-6. • 주어진 사실: 두 쌍의 대각의 크기가 각각 같다.
   • 증명해야 할 것: 두 쌍의 대변이 각각 평행하다. $\overline{AB}$ ∥ $\overline{DC}$, $\overline{AD}$ ∥ $\overline{BC}$
   • (증명)

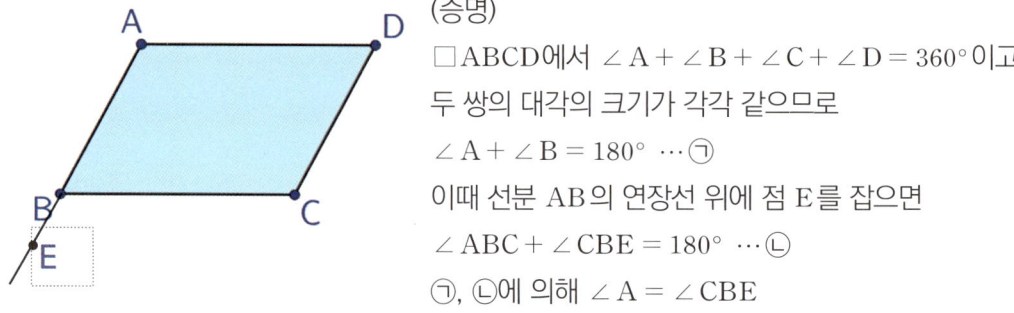

(증명)

□ABCD에서 ∠A + ∠B + ∠C + ∠D = 360°이고 두 쌍의 대각의 크기가 각각 같으므로

∠A + ∠B = 180° ···㉠

이때 선분 AB의 연장선 위에 점 E를 잡으면

∠ABC + ∠CBE = 180° ···㉡

㉠, ㉡에 의해 ∠A = ∠CBE

즉, 동위각의 크기가 같으므로 $\overline{AD}$ ∥ $\overline{BC}$이고 같은 방법으로 $\overline{AB}$ ∥ $\overline{DC}$이다.

활동 2. 직사각형

2-1. 평행사변형의 특징(두 쌍의 대변이 각각 평행하다. 두 쌍의 대변의 길이는 각각 같다. 두 쌍의 대각의 크기는 각각 같다. 두 대각선은 서로 다른 것을 이등분한다.)을 모두 가지고 있고, 평행사변형의 특징이 아닌 직사각형에만 있는 특징은

① 네 각의 크기가 같다.

② 두 대각선의 길이가 같고, 서로 다른 것을 이등분한다.

2-2. 정의: 네 각의 크기가 같은 사각형

2-3. ① 두 쌍의 대변이 각각 평행하다.

② 두 쌍의 대변의 길이는 각각 같다.

③ 두 대각선의 길이가 같고, 서로 다른 것을 이등분한다.

2-4. • 성질1 두 쌍의 대변이 각각 평행하다.

(가정) ∠A = ∠B = ∠C = ∠D (= 90°)
(결론) $\overline{AB}$ ∥ $\overline{DC}$, $\overline{AD}$ ∥ $\overline{BC}$

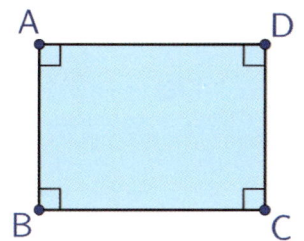

(증명)
그림과 같이 직사각형 ABCD에서
∠A = ∠C, ∠B = ∠D
이므로 □ABCD는 두 쌍의 대각의 크기가 같다.
두 쌍의 대각의 크기가 같은 사각형은 평행사변형이므로 □ABCD는 평행사변형이다.
따라서, $\overline{AB}$ ∥ $\overline{DC}$, $\overline{AD}$ ∥ $\overline{BC}$ 이다.

• 성질2 두 쌍의 대변의 길이는 각각 같다.

(가정) ∠A = ∠B = ∠C = ∠D (= 90°)
(결론) $\overline{AB}$ = $\overline{DC}$, $\overline{AD}$ = $\overline{BC}$

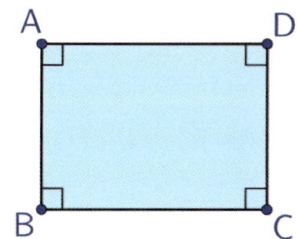

(증명)
성질1 의 증명 과정에서
□ABCD는 평행사변형이다.
평행사변형은 두 쌍의 대변의 길이가 각각 같으므로 $\overline{AB}$ = $\overline{DC}$, $\overline{AD}$ = $\overline{BC}$ 이다.

• 성질3 두 대각선의 길이가 같고, 서로 다른 것을 이등분한다.

(가정) ∠A = ∠B = ∠C = ∠D (= 90°)
(결론) $\overline{AO}$ = $\overline{CO}$ = $\overline{BO}$ = $\overline{DO}$

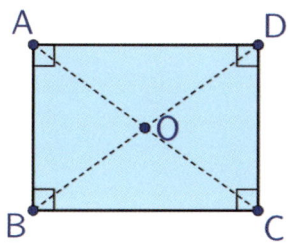

(증명)
△ABC와 △BAD에서
$\overline{BC}$ = $\overline{AD}$, ∠ABC = ∠BAD(가정),
$\overline{AB}$ 는 공통인 변
이므로 △ABC ≡ △BAD
따라서 $\overline{AC}$ = $\overline{BD}$ …㉠

직사각형 □ABCD는 평행사변형이므로 두 대각선은 서로 다른 것을 이등분한다. 즉,
$\overline{AO}$ = $\overline{CO}$, $\overline{BO}$ = $\overline{DO}$ …㉡
㉠, ㉡에 의하여 $\overline{AO}$ = $\overline{CO}$ = $\overline{BO}$ = $\overline{DO}$

2-5. • 이유: 문틀을 앞에서 볼 때 대변의 길이가 각각 같은 사각형이므로 평행사변형이다. 사진의 문틀이 직사각형 모양을 유지하려면 네 내각의 크기가 90°를 유지해야 한다. 목조 문틀의 두 모서리 부근에 나무막대를 가로질러 놓아 두 내각의 크기가 90°를 유지하게 하기 위함이다.

- 평행사변형은 한 내각의 크기가 90°이면 직사각형이다. 그림의 장치는 평행사변형 모양의 문틀의 두 내각의 크기를 90°로 유지하기 위한 것이므로 충분하다.

활동 3. 마름모

3-1. 평행사변형의 특징(두 쌍의 대변이 각각 평행하다. 두 쌍의 대변의 길이는 각각 같다. 두 쌍의 대각의 크기는 각각 같다. 두 대각선은 서로 다른 것을 이등분한다.)을 모두 가지고 있고, 마름모에만 있는 특징은
① 네 변의 길이가 같다.
② 두 대각선은 서로 다른 것을 수직이등분한다.

3-2. 정의: 네 변의 길이가 같은 사각형

3-3. 두 대각선은 서로 다른 것을 수직이등분한다.

3-4. • 평행사변형의 모든 성질을 갖는다.
(증명) 네 변의 길이가 같으므로 두 쌍의 대변의 길이는 각각 같다. 두 쌍의 대변의 길이가 각각 같은 사각형은 평행사변형이다. 그러므로 평행사변형의 모든 성질을 갖는다.
• 두 대각선은 서로 다른 것을 수직이등분한다
(증명) 네 변의 길이가 같은 사각형은 평행사변형이므로 평행사변형의 성질에 의하여
$\overline{AO} = \overline{BO}$, $\overline{CO} = \overline{DO}$ … ㉠
△ABO와 △ADO에서
$\overline{AB} = \overline{AD}$(가정)
$\overline{BO} = \overline{DO}$ … ㉠
$\overline{AO}$는 공통인 변
이므로 △ABO ≡ △ADO
따라서, ∠AOB = ∠AOD = 90° … ㉡
㉠, ㉡에서 $\overline{AC} \perp \overline{BD}$, $\overline{AO} = \overline{CO}$, $\overline{BO} = \overline{DO}$
그러므로 두 대각선은 서로 다른 것을 수직이등분한다.

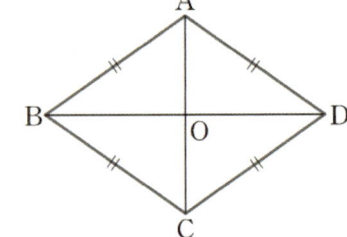

활동 4. 정사각형

4-1. 직사각형과 마름모의 특징을 모두 가지고 있고, 정사각형에만 있는 특징은
① 네 내각의 크기가 같고, 네 변의 길이가 같다.
② 두 대각선은 길이가 같고, 서로 다른 것을 수직이등분한다.

4-2. 정의: 네 내각의 크기가 같고, 네 변의 길이가 같은 사각형

4-3. 두 대각선은 길이가 같고, 서로 다른 것을 수직이등분한다.
4-4. • 직사각형과 마름모의 모든 성질을 가진다.
(증명) 정사각형은 정의에서 직사각형인 동시에 마름모임을 알 수 있다. 따라서 정사각형은 직사각형과 마름모의 성질을 모두 가진다.

• 두 대각선은 길이가 같고, 서로 다른 것을 수직이등분한다

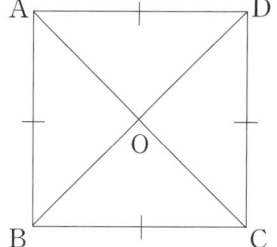

(증명) 정사각형은 직사각형이므로, 직사각형의 성질에 의하여
$\overline{AC} = \overline{BD}$, $\overline{AO} = \overline{CO}$, $\overline{BO} = \overline{DO}$ … ㉠
또, 정사각형은 마름모이므로,
마름모의 성질에 의하여 $\overline{AC} \perp \overline{BD}$ … ㉡
㉠, ㉡에서
$\overline{AC} = \overline{BD}$, $\overline{AO} = \overline{CO}$, $\overline{BO} = \overline{DO}$, $\overline{AC} \perp \overline{BD}$

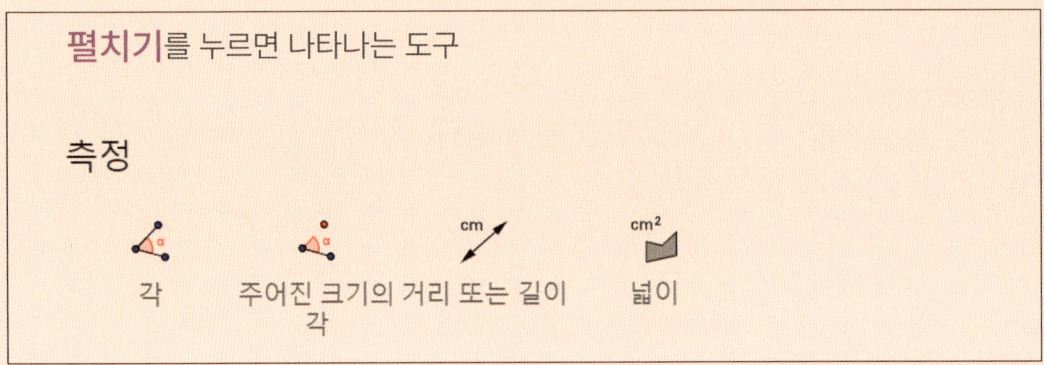

※ 앱에서 도구를 선택하면 사용 방법이 화면에 문장으로 나타난다.

7. 사각형 속의 사각형

https://www.geogebra.org/m/k283swhd

1. 활동의 목적

- 애플릿에서 사각형의 네 변의 중점을 차례로 연결하여 만든 사각형을 관찰하여 그 종류를 말할 수 있다.
- 그러한 사각형이 만들어지는 이유를 추론하여 설명할 수 있다.

2. 필요한 능력

- 수학: 직(정)사각형, 마름모, 평행사변형의 정의, 중점, 삼각형의 합동, 추론능력
- 지오지브라: 점 끌기
- 관찰: 점을 끌어 도형의 크기나 위치, 모양이 변할 때 변하지 않는 성질 관찰하기

3. 분류

수학영역	학년수준	ICT활용
도형	중2	학생활동도구/문제제시

4. 활동 구성

특수사각형 정사각형/직사각형/마름모의 중점연결 사각형 종류/넓이 탐색		평행사변형 애플릿 화면에서 중점연결 사각형의 종류와 넓이 탐색		확장/심화 일반사각형/반복시행/사다리꼴
• 예상과 확인 • 이유 탐색		• 예상과 확인 • 관계 이해 • 정당화		• 확장

 ◎ QR 코드를 스캔하여 지오지브라 책 『사각형 속의 사각형』을 연다. 이 지오지브라 책은 모두 6개의 지오지브라 활동 (활동 1. 정사각형 속의 사각형, 활동 2. 직사각형과 마름모 속의 사각형, 활동 3. 평행사변형 속의 사각형, 활동 4. 일반사각형의 중점연결, 활동 5. [심화] 등변사다리꼴, 활동 6. [심화] 중점연결 반복하기)을 포함하고 있다.

각 지오지브라 활동에는 한 개 이상의 애플릿이 있으며 사용자는 지시에 따라 애플릿을 조작하며 활동을 수행한다.

5. 활동의 주안점

- 특수 사각형(정사각형, 직사각형 등)에서 일반사각형으로 순차적으로 탐색하게 하여, 일반사각형으로 활동을 통합하여 다룰 수 있게 전개한다.
- 특수사각형의 경우, 정당화 과정에서 삼각형의 중점연결정리보다 삼각형 합동으로 성질을 증명하게 한다.

6. 활동 내용

활동 1. 정사각형 속의 사각형

정사각형 ABCD의 중점을 연결하여 사각형 EFGH를 만들었습니다.

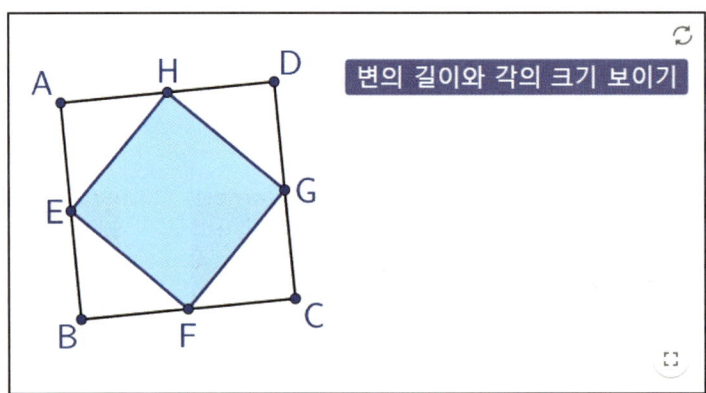

1-1. 애플릿에서 점 A 또는 점 D를 움직이며 사각형 EFGH를 관찰해봅시다. 사각형 EFGH는 어떤 사각형입니까? 변의 길이와 각의 크기를 보고 확인하세요.

1-2. 왜 항상 그런 사각형이 되는지 설명하세요.

활동 2. 직사각형과 마름모 속의 사각형

직사각형 ABCD와 마름모 PQRS의 중점을 각각 연결하여 사각형 EFGH와 사각형 TUVW를 만들었습니다.

2-1. 애플릿에서 꼭짓점을 움직여 직사각형의 크기와 모양을 바꾸면서 사각형 EFGH를 관찰해보세요.

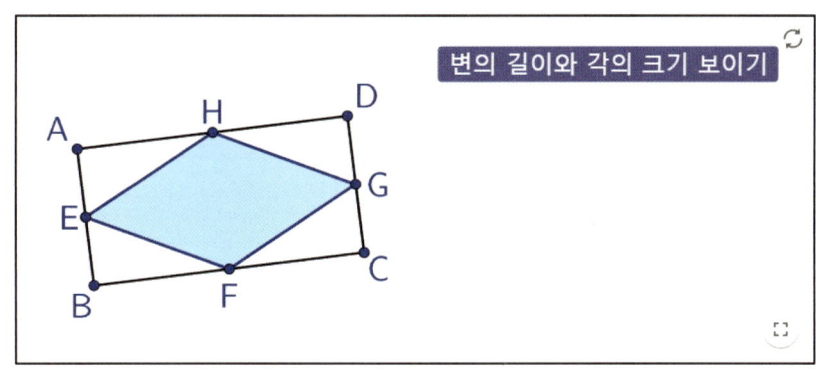

- 직사각형 속의 사각형 EFGH는 어떤 사각형입니까? 변의 길이와 각의 크기를 보고 확인하세요.

- 왜 항상 그러한 사각형이 되는지 설명해보세요.

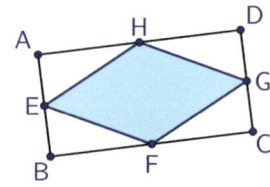

2-2. 애플릿에서 꼭짓점을 움직여 마름모의 크기와 모양을 바꾸면서 사각형 TUVW를 관찰해보세요.

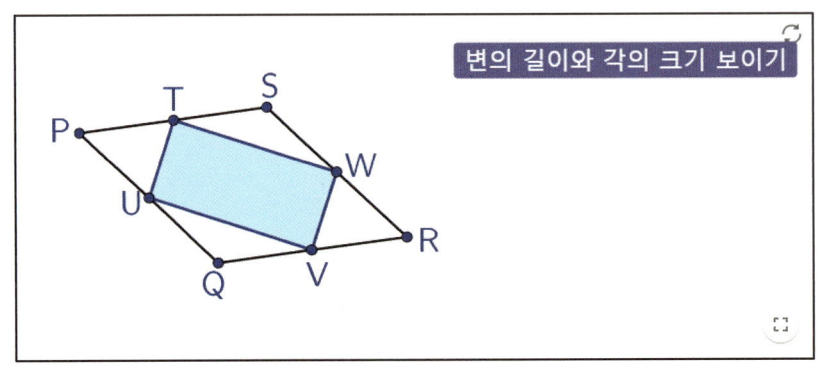

• 마름모 속의 사각형 TUVW는 어떤 사각형입니까? 변의 길이와 각의 크기를 보고 확인하세요.

___

• 왜 항상 그런 사각형이 되는지 설명해보세요.

2-3. 아래 빈칸을 채우세요.

■ 각 사각형의 중점을 연결하여 만든 사각형

• 정사각형 ⇨ _____

• 직사각형 ⇨ _____

• 마름모 ⇨ _____

활동 3. 평행사변형 속의 사각형

평행사변형 ABCD의 중점을 연결하여 사각형 EFGH를 만들었습니다.

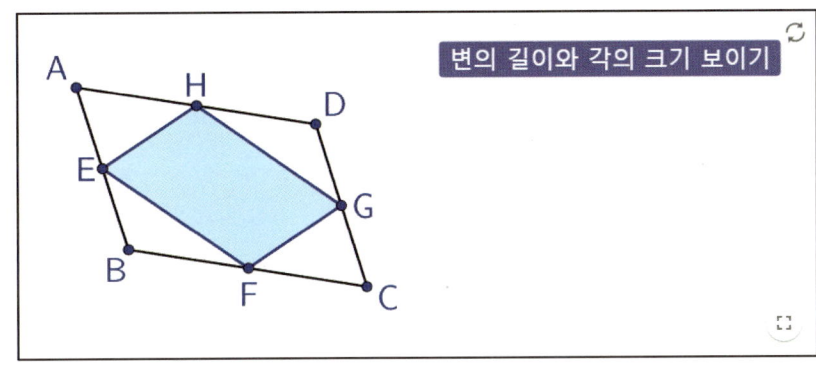

3-1. 애플릿에서 점 A, B 또는 C를 움직이며 사각형 EFGH를 관찰해보세요. 사각형 EFGH는 어떤 사각형입니까? 변의 길이와 각의 크기를 보고 확인하세요.

3-2. 왜 항상 그런 사각형이 되는지 설명하세요.

3-3. 평행사변형 ABCD와 사각형 EFGH의 넓이 사이에 어떤 관계가 있습니까?

3-4. 항상 그런 관계가 성립합니까? 그 이유가 무엇입니까?

활동 4. 일반사각형의 중점연결

사각형 ABCD의 중점을 연결하여 사각형 EFGH를 만들었습니다.

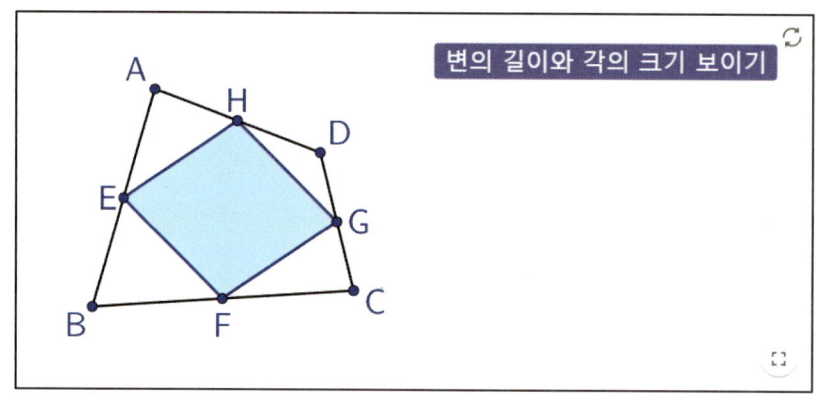

4-1. 애플릿에서 점 A, B, C 또는 D를 움직여 모양을 바꾸어보면서 사각형 EFGH를 관찰해봅시다. 사각형 EFGH는 어떤 사각형입니까? 애플릿에서 변의 길이와 각의 크기를 보고 확인하세요.

4-2. 왜 항상 그런 사각형이 되는지 설명하세요.

■ 삼각형의 중점연결정리

삼각형의 두 변의 중점을 연결한 선분은 나머지 한 변과 평행하고, 길이는 나머지 변의 $\frac{1}{2}$이다.

즉, 삼각형 ABC에서 $\overline{AD} = \overline{BD}$, $\overline{AE} = \overline{CE}$이면

⇨ $\overline{DE} \mathbin{/\mkern-5mu/} \overline{BC}$, $\overline{DE} = \frac{1}{2}\overline{BC}$

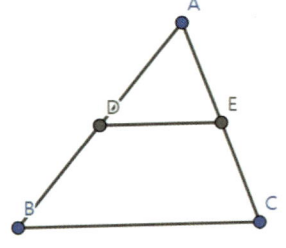

4-3. 애플릿에서 사각형 ABCD의 꼭짓점 하나를 사각형 EFGH의 내부로 옮겨 보세요.

• 예시

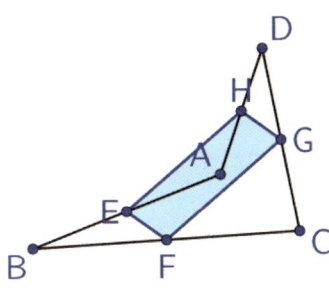 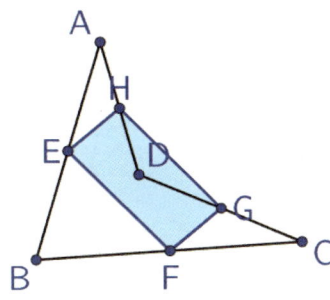

• 사각형의 세 꼭짓점으로 이루어지는 삼각형 내부에 나머지 한 꼭짓점이 있는 사각형을 오목사각형이라 합니다.

• 오목사각형의 중점을 연결한 사각형 EFGH는 어떤 사각형입니까?

4-4. 왜 항상 그런 사각형이 되는지 설명하세요.

활동 5. [심화] 등변사다리꼴

등변사다리꼴 ABCD의 중점을 연결하여 사각형 EFGH를 만들었습니다.

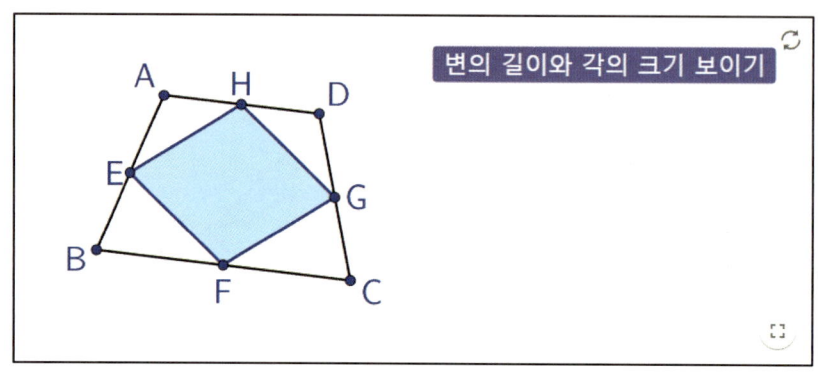

5-1. 애플릿에서 점 A, B 또는 C를 움직여서 사각형 EFGH를 관찰해봅시다. 사각형 EFGH는 어떤 사각형입니까?

5-2. 왜 항상 그런 사각형이 되는지 설명하세요.

활동6. [심화] 중점연결 반복하기

애플릿에서 사각형의 중점을 연결하여 사각형을 만들고, 새로 만들어진 사각형의 중점을 다시 연결하여 사각형을 만들었습니다.

6-1. 정사각형에서 이러한 과정을 계속하였을 때, 새로 만들어진 사각형의 종류를 다음 빈칸에 차례대로 써보세요.

정사각형 ⇨ _____ ⇨ _____ ⇨ _____ ⇨ _____ ⇨ ⋯

※ 애플릿에서 도형 보이기 버튼을 눌러 결과를 살펴볼 수 있습니다.

6-2. 직사각형에서 이러한 과정을 계속하였을 때, 새로 만들어진 사각형의 종류를 다음 빈칸에 차례대로 써보세요.

직사각형 ⇨ _____ ⇨ _____ ⇨ _____ ⇨ _____ ⇨ ⋯

※ 애플릿에서 도형 보이기 버튼을 눌러 결과를 살펴볼 수 있습니다.

6-3. 평행사변형에서 계속 중점을 연결하였을 때, 새로 만들어진 사각형의 종류를 다음 빈칸에 차례대로 써보세요.

평행사변형 ⇨ _____ ⇨ _____ ⇨ _____ ⇨ _____ ⇨ ⋯

※ 애플릿에서 도형 보이기 버튼을 눌러 결과를 살펴볼 수 있습니다.

6-4. 마름모에서 계속 중점을 연결하였을 때, 새로 만들어진 사각형의 종류를 다음 빈칸에 차례대로 써보세요.

마름모 ⇨ _____ ⇨ _____ ⇨ _____ ⇨ _____ ⇨ ⋯

※ 애플릿에서 도형 보이기 버튼을 눌러 결과를 살펴볼 수 있습니다.

7. 활동의 답

활동 1. 정사각형 속의 사각형

1-1. 정사각형

1-2. △AEH에서

$\overline{AE} = \overline{HA}$ 이고 (E와 H는 정사각형의 각 변의 중점)

∠EAH = 90°

이므로 △AEH 직각이등변삼각형이다.

이와 마찬가지로 △BFE, △CGF, △DHG는 모두 직각이등변 삼각형이며, 이들 삼각형은 합동이다. (SAS합동)

∴ □EFGH의 네 변의 길이는 같다. …㉠

∠AEH = ∠FEB = 45°이므로 ∠HEF = 90°이다.

이와 마찬가지로 ∠EFG = ∠FGH = ∠GHE = 90°이다.

∴ □EFGH의 네 각의 크기는 같다. …㉡

㉠, ㉡에 의해 □EFGH는 정사각형이다.

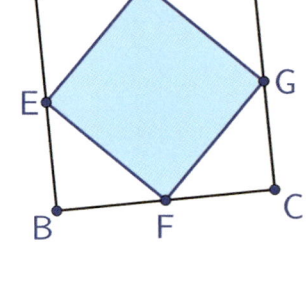

1-2. [별해] □ABCD의 대각선의 길이가 같으므로 삼각형 중점연결정리에 의해 □EFGH의 네 변의 길이가 같다.

□ABCD의 대각선이 □EFGH의 각 변을 수직이등분하고, 마주 보는 □EFGH의 각 변과 서로 평행하므로 엇각에 의해 □EFGH의 네 각의 크기가 같다.

∴ □EFGH는 정사각형이다.

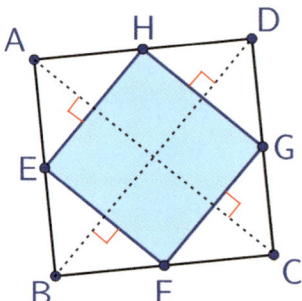

활동 2. 직사각형과 마름모 속의 사각형

2-1. • 사각형 EFGH: 마름모
  • 사각형 TUVW: 직사각형

2-2. • 직사각형 속의 사각형 EFGH
  • 마름모 속의 사각형 TUVW

2-2. [별해] △AHE와 △BFE에서

$\overline{AE} = \overline{BE}$, $\overline{AH} = \overline{BF}$

∠HAE = ∠FBE

∴ △AHE ≡ △BFE (SAS합동)

마찬가지로 △AHE ≡ △CFG ≡ △DGH (SAS합동)

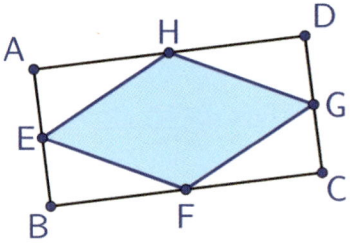

∴ □EFGH의 네 변의 길이는 같다.

∴ □EFGH는 마름모이다.

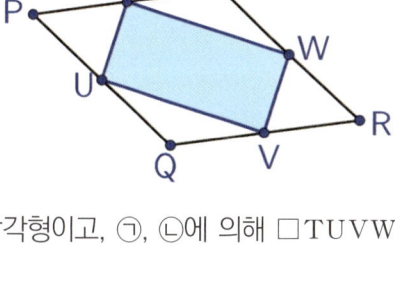

△PTW, △RUV에서

∠TPW = ∠URV

$\overline{PT} = \overline{PW} = \overline{RU} = \overline{RV}$

∴ △PTW ≡ △RUV (SAS 합동) ⋯㉠

마찬가지로 △QTU ≡ △SWV ⋯㉡

∠UTW = 180° − (∠PTW + ∠QTU)이다.

그런데 △PTW, △RUV, △QTU, △SWV는 이등변삼각형이고, ㉠, ㉡에 의해 □TUVW의 네 각의 크기가 같아진다.

따라서 □TUVW는 직사각형이다.

- 직사각형 속의 사각형 EFGH

  □ABCD의 대각선의 길이가 같으므로 삼각형 중점연결정리에 의해 □EFGH의 네 변의 길이가 같다. 따라서 □EFGH는 마름모이다.

- 마름모 속의 사각형 TUVW

  □PQRS의 대각선이 □TUVW의 각 변을 수직이등분하고, 마주보는 □TUVW의 각 변과 서로 평행하므로 엇각에 의해 □TUVW의 네 각의 크기가 같다.

  따라서 □TUVW는 직사각형이다.

2-3.
- 정사각형의 중점 연결: 정사각형
- 직사각형의 중점 연결: 마름모
- 마름모의 중점 연결: 직사각형

활동 3. 평행사변형 속의 사각형

3-1. 평행사변형

3-2. □ABCD는 평행사변형이므로

△DHG와 △BFE에서

∠D = ∠B

$\overline{DG} = \frac{1}{2}\overline{DC} = \frac{1}{2}\overline{AB} = \overline{BE}$,

$\overline{DH} = \frac{1}{2}\overline{AD} = \frac{1}{2}\overline{BC} = \overline{CF}$

∴ △DHG ≡ △BFE (SAS합동)

∴ $\overline{GH} = \overline{EF}$ ⋯㉠

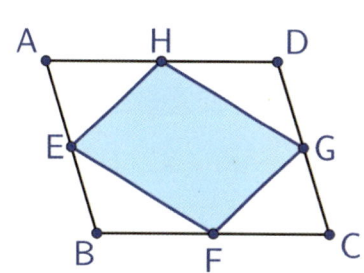

마찬가지로 △AEH ≡ △CGF이므로 $\overline{HE} = \overline{FG}$ ⋯ⓛ
㉠, ⓛ에 의하여 □EFGH의 두 쌍의 대변의 길이가 같으므로
□EFGH는 평행사변형이다.

3-3. □EFGH = $\frac{1}{2}$□ABCD

3-4. □ABCD에서
$\overline{AH} = \overline{BF}$, $\overline{AH} \parallel \overline{BF}$이므로
□ABFH 는 평행사변형이다.
∴ △EFH = $\frac{1}{2}$□ABFH ⋯㉠

마찬가지로, △HFG = $\frac{1}{2}$□HFCD ⋯ⓛ

㉠, ⓛ에 의하여 △EFH + △HFG = $\frac{1}{2}$□ABFH + $\frac{1}{2}$□HFCD
∴ □EFGH = $\frac{1}{2}$□ABCD

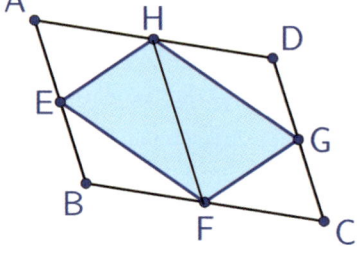

3-4. [별해] □ABCD의 변의 중점인 점 H와 점 F, 점 E와 점 G를 연결하면 원래 도형은 넓이가 같은 8개의 삼각형으로 나누어진다. 그 중 4개가 □EFGH을 이루므로 넓이는 □ABCD의 넓이의 $\frac{1}{2}$이다.

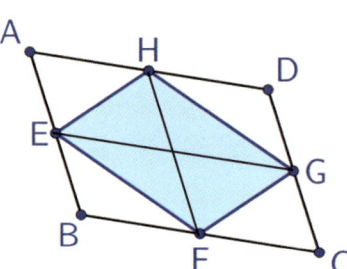

활동 4. 일반사각형의 중점 연결

4-1. 평행사변형

4-2. 대각선 AC를 그으면 △ABC에서
   $\overline{AE} = \overline{BE}$, $\overline{BF} = \overline{CF}$이다.
   따라서 삼각형의 중점연결정리에 의하여
   $\overline{EF} \parallel \overline{AC}$, $\overline{EF} = \frac{1}{2}\overline{AC}$ ⋯㉠
   마찬가지 방법으로 △ACD에서
   $\overline{HG} \parallel \overline{AC}$, $\overline{HG} = \frac{1}{2}\overline{AC}$ ⋯ⓛ
   ㉠, ⓛ에서 $\overline{EF} \parallel \overline{HG}$, $\overline{EF} = \overline{HG}$
   따라서 □EFGH는 한 쌍의 대변의 평행하고 그 길이가 같으므로 평행사변형이다.

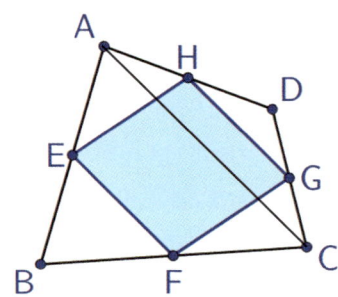

4-3. 평행사변형
4-4. 대각선 $\overline{DB}$를 그으면 △CDB에서

$\overline{CF} = \overline{BF}$, $\overline{CG} = \overline{DG}$

따라서 삼각형의 중점연결정리에 의하여

$\overline{GF} \parallel \overline{DB}$, $\overline{GF} = \dfrac{1}{2}\overline{DB}$ ⋯㉠

마찬가지 방법으로 △ADB에서

$\overline{HE} \parallel \overline{DB}$, $\overline{HE} = \dfrac{1}{2}\overline{DB}$ ⋯㉡

㉠, ㉡에서 $\overline{GF} // \overline{HE}$, $\overline{GF} = \overline{HE}$

따라서 □EFGH는 한 쌍의 대변의 평행하고 그 길이가 같으므로 평행사변형이다.

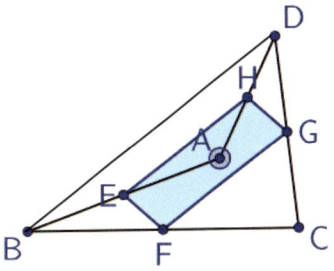

활동 5. [심화] 등변사다리꼴

5-1. 마름모

5-2. □ABCD 에서 대각선 $\overline{AC}$ 를 그으면,

△ABC와 △CDA에서 중점연결정리에 의하여

$\overline{EF} = \dfrac{1}{2}\overline{AC} = \overline{GH}$ ⋯㉠

마찬가지로 대각선 $\overline{BD}$를 그으면

$\overline{HE} = \dfrac{1}{2}\overline{BD} = \overline{FG}$ ⋯㉡

□ABCD는 등변사다리꼴이므로 $\overline{AC} = \overline{BD}$ ⋯㉢

㉠, ㉡, ㉢에 의하여 $\overline{EF} = \overline{FG} = \overline{GH} = \overline{HE}$

따라서 □EFGH는 마름모이다.

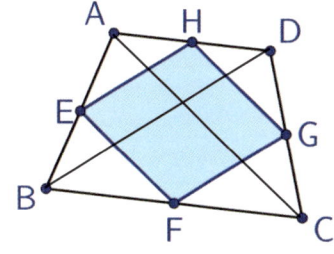

활동 6. [심화] 중점연결 반복하기

6-1.

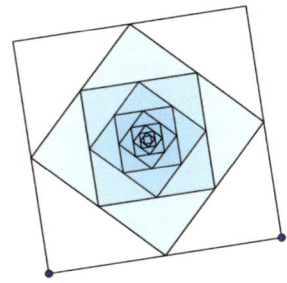

정사각형 ➡ 정사각형 ➡ 정사각형 ➡ 정사각형 ➡ ⋯

6-2. 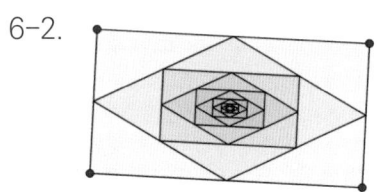 직사각형 ➡ 마름모 ➡ 직사각형 ➡ 마름모 ➡ …

6-3. 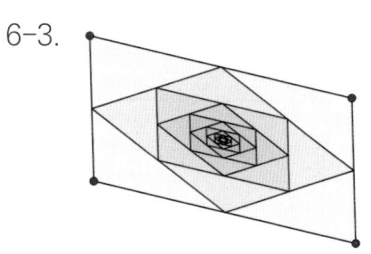 평행사변형 ➡ 평행사변형 ➡ 평행사변형 ➡ …

6-4. 마름모 ➡ 직사각형 ➡ 마름모 ➡ 직사각형 ➡ …

8. 닮은 도형

https://www.geogebra.org/m/px2aykzv

1. 활동의 목적

- 애플릿에서 닮은 삼각형을 조작하여 대응변의 길이와 대응각의 크기에 관한 성질을 탐색한다.
- 합동도 닮음의 한 형태임을 안다.
- 두 닮은 도형의 한 쌍의 대응변을 포갤 때 애플릿을 관찰하여 다른 대응변 사이의 위치 관계를 발견할 수 있다.
- 삼각형의 중점연결정리를 알고 이것이 성립하는 이유를 설명할 수 있다.
- 삼각형의 중점연결정리를 활용할 수 있다.

2. 필요한 능력

- 수학: 삼각형의 변, 각, 중점
- 지오지브라: 점 끌기
- 관찰: 도형의 크기나 위치, 모양이 변할 때 변하지 않는 성질 관찰하기

3. 분류

수학영역	학년수준	ICT역할
도형	중2	학생활동도구/문제제시

4. 활동 구성

두 닮은 삼각형 지오지브라 화면에서 대응변/대응각 관계 탐색		닮은 도형의 성질 지오지브라 화면에서 닮은 도형 성질 탐색		성질 이해와 적용 삼각형의 중점연결정리 성질 이해
• 닮음/닮음비의 뜻 • 예상과 확인		• 대응변 겹치기 • 대응각 겹치기		• 정당화 • 확장

 ◎ QR 코드를 스캔하여 지오지브라 책 『닮은 도형』을 연다. 이 지오지브라 책은 모두 2개의 지오지브라 활동 (활동 1. 닮은 삼각형, 활동 2. 닮은 사각형)을 포함하고 있다.

각 지오지브라 활동에는 한 개 이상의 애플릿이 있으며 사용자는 지시에 따라 애플릿을 조작하며 활동을 수행한다.

5. 활동의 주안점

- 지오지브라 화면에서 닮은 도형의 꼭짓점이나 변을 끌어 조작하여 대응변은 항상 같은 비율로 확대 또는 축소되고 대응각의 크기는 변하지 않음을 관찰하게 한다.
- 닮은 두 다각형에서 대응변이 일직선 위에 놓일 때, 나머지 변 사이의 위치 관계를 알 수 있게 한다.

6. 활동 내용

활동 1. 닮은 삼각형

삼각형 ABC와 삼각형 A′B′C′은 서로 닮은 도형입니다.

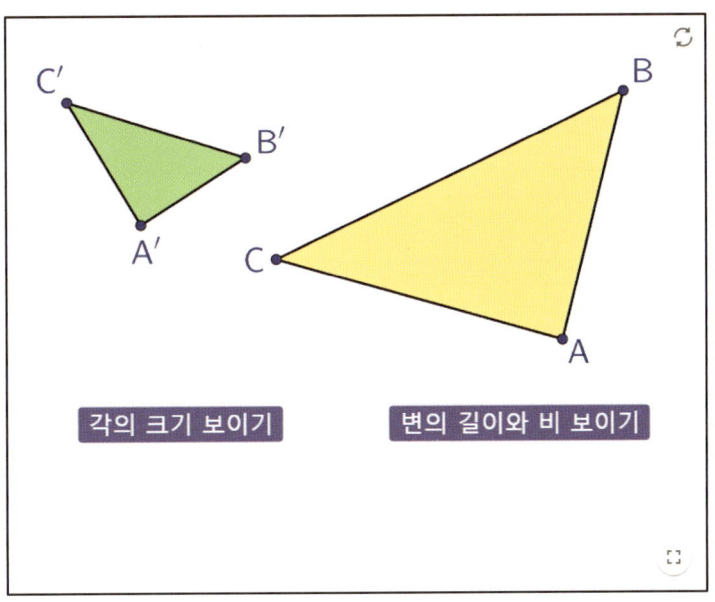

1-1. 애플릿에서 꼭짓점 A, B, A′, B′을 끌어 삼각형의 크기를 바꾸면서 두 삼각형의 각의 크기와 변의 길이와 비를 관찰하고, 닮은 삼각형의 대응각과 대응변의 관하여 발견한 사실을 써보세요.

※ 각의 크기 보이기 , 변의 길이와 비 보이기 버튼을 누르면 측정값을 확인할 수 있습니다.

1-2. 애플릿에서 두 닮은 삼각형의 꼭짓점 A와 A′, B와 B′을 각각 포개어 보세요. 이 경우에도 두 삼각형은 닮음입니다. 이 활동에서 발견한 사실을 말해보세요.

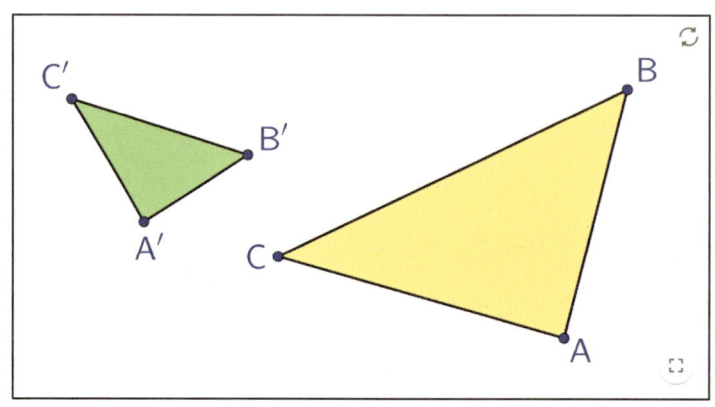

- 닮음의 뜻　　한 도형을 일정한 비율로 확대 또는 축소하여 다른 도형과 합동이 되게 할 수 있을 때, 이 두 도형은 서로 '닮은 도형이다' 또는 '닮음인 관계에 있다'고 한다.
  꼭짓점 A와 A′, B와 B′, C와 C′, D와 D′은 서로 대응점, 변 AB와 A′B′, BC와 B′C′, CA와 C′A′은 서로 대응변, 각 A와 각 A′, 각 B와 각 B′, 각 C와 각 C′은 서로 대응각이라 한다.
- 닮음의 성질　(1) 대응하는 변(대응변)의 길이의 비는 일정하다.
  　　　　　　(2) 대응하는 각(대응각)의 크기는 서로 같다.
- 닮음비의 뜻　두 닮은 도형에서 대응변의 길이의 비를 닮음비라고 한다.

1-3. 애플릿에서 꼭짓점 A, B, A′ 또는 B′을 끌어 한 대응변을 겹치게 할 때, 나머지 대응변 사이의 위치 관계를 조사해보세요.

활동 2. 닮은 사각형

사각형 ABCD와 사각형 A′B′C′D′은 서로 닮은 도형입니다.

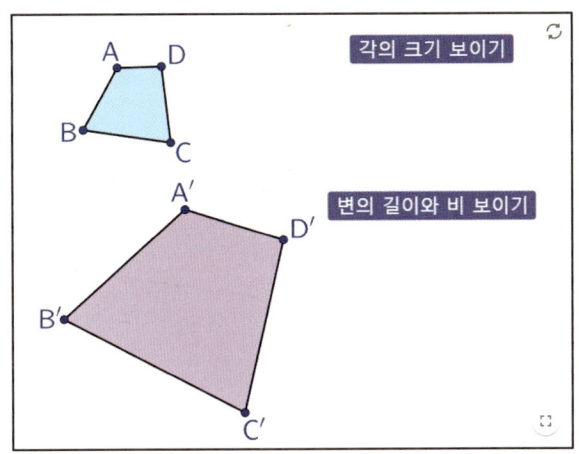

2-1. 애플릿에서 두 사각형의 꼭짓점을 임의로 움직여 보세요. 두 닮은 사각형의 각의 크기와 변의 길이, 길이의 비를 관찰하고, 닮은 사각형의 대응각과 대응변의 관하여 발견한 사실을 써보세요.

※ 각의 크기 보이기 , 변의 길이와 비 보이기 버튼을 누르면 측정값을 확인할 수 있습니다.

2-2. 대응하는 꼭짓점 A와 A′, B와 B′을 끌어 꼭짓점을 각각 포개어 보세요. 이 활동을 통해 합동과 닮음의 관계와 관련하여 발견한 사실을 써 보세요.

2-3. 애플릿에서 점을 끌어 한 쌍 또는 두 쌍의 대응변이 같은 직선에 놓이도록 해보세요. 닮은 두 사각형에서 대응변이 일직선 위에 놓일 때, 나머지 대응변 사이의 위치 관계를 말해보세요.

활동 3. 삼각형의 중점연결정리

3. 다음과 같이 삼각형 ABC에서 변 AB와 변 AC의 중점을 연결하였습니다.

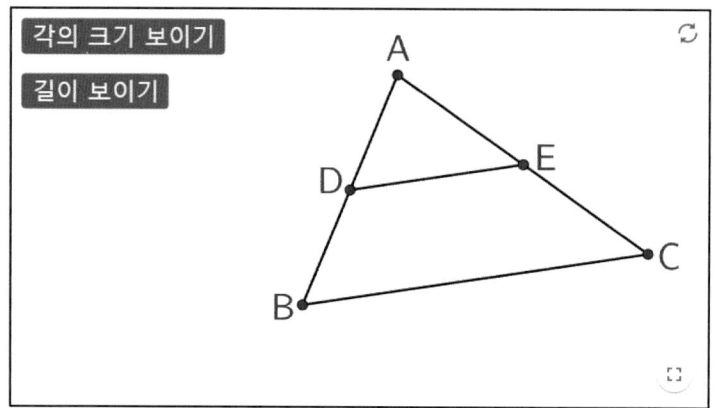

3-1. 삼각형 ABC와 삼각형 ADE는 닮음입니다. 삼각형 ABC와 삼각형 ADE의 닮음비를 말하고, 두 삼각형이 닮음인 이유를 말해보세요.

___

___

3-2. 애플릿에서 [각의 크기 보이기], [길이 보이기] 버튼을 이용하여 각의 크기나 길이를 확인해보고 물음에 답하세요.

- 선분 DE와 변 BC는 평행합니다. 왜 그런지 이유를 말해보세요.

___

___

- 선분 DE의 길이는 변 BC의 길이의 $\frac{1}{2}$입니다. 애플릿에서 이를 확인해보고, 그 이유를 설명해보세요.

___

___

위에서 확인한 내용을 삼각형의 중점연결정리라고 합니다.

■ 삼각형의 중점연결정리

삼각형의 두 변의 중점을 연결한 선분은 나머지 한 변과 평행하고, 길이는 나머지 변의 $\frac{1}{2}$이다.

즉, 삼각형 ABC에서 $\overline{AD} = \overline{BD}$, $\overline{AE} = \overline{CE}$ 이면

$$\Rightarrow \overline{DE} \parallel \overline{BC}, \ \overline{DE} = \frac{1}{2}\overline{BC}$$

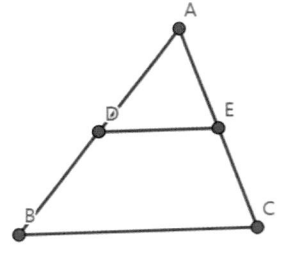

3-3. 삼각형의 세 변 AB, AC, BC의 중점을 각각 점 D, 점 E, 점 F라고 할 때, 사각형 DBFE는 어떤 도형입니까? 왜 그러한지 이유를 말하세요.

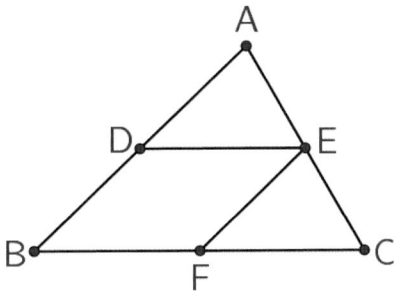

---

7. 활동의 답

활동 1. 닮은 삼각형

1-1. • 닮은 두 삼각형에서 대응각의 크기가 서로 같다.
   • 닮은 두 삼각형에서 대응변의 길이의 비가 서로 같다.

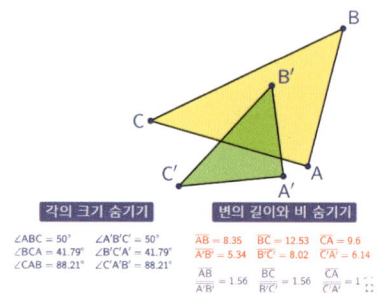

1-2. • 닮은 두 도형은 한 도형을 확대 또는 축소하여 완전히 포개어지게(합동이 되게) 할 수 있다. 합동인 경우도 닮음이다.

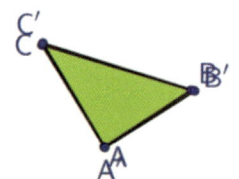

1-3. 나머지 대응변끼리 서로 평행하거나 일치한다.

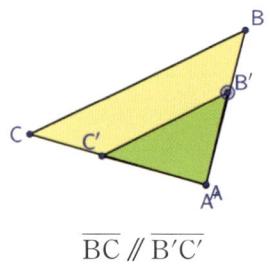

$\overline{BC} \,/\!/\, \overline{B'C'}$

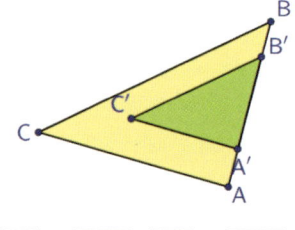

$\overline{BC} \,/\!/\, \overline{B'C'}$, $\overline{AC} \,/\!/\, \overline{A'C'}$

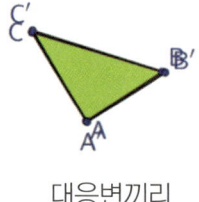

대응변끼리 일치한다.

활동 2. 닮은 사각형

2-1. • 닮은 두 사각형에서 대응각의 크기가 서로 같다.
   • 닮은 두 사각형에서 대응변의 길이의 비가 서로 같다.
2-2. • 닮은 두 도형은 한 도형을 확대 또는 축소하여 완전히 포개어 합동이 되게 할 수 있다.
2-3. • 한 꼭짓점과 두 변을 포개는 경우(그림 (i), (ii))
   $\angle B = \angle B'$ $\angle C = \angle C'$이므로 $\overline{BC} \,/\!/\, \overline{B'C'}$이고, $\angle C = \angle C'$, $\angle D = \angle D'$이므로 $\overline{CD} \,/\!/\, \overline{C'D'}$이다. (동위각의 크기가 같으므로)
   • 한 변이 같은 직선에 있는 경우에 포개지지 않은 나머지 대응변끼리 서로 평행하거나(그림 (i), (ii), (iii)) 일치한다(합동인 경우).

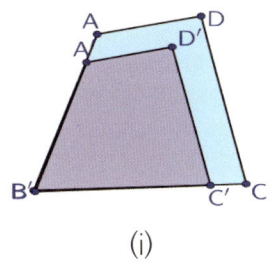 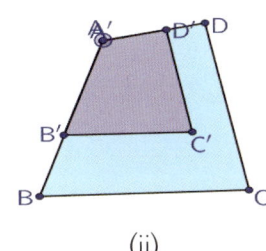 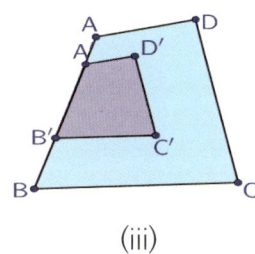

(i)　　　　　　　　(ii)　　　　　　　　(iii)

활동 3. 닮은 사각형

3-1. 대응하는 변의 길이의 비가 2 : 1이므로 닮음비는 2 : 1이다.

닮음인 이유: $\dfrac{\overline{AD}}{\overline{AB}} = \dfrac{\overline{AE}}{\overline{AC}} = \dfrac{1}{2}$ 이고, 끼인각 ∠A는 공통인 각이다. 즉, 두 쌍의 대응하는 변의 길이의 비가 같고, 그 끼인각의 크기가 같으므로 △ABC와 △ADE는 닮음이다.

3-2. • 대응각의 크기가 서로 같다. ∠ADE = ∠ABC으로 동위각의 크기가 같으므로 평행이다.

• 닮은 두 삼각형에서 대응변의 길이의 비가 일정하게 $\dfrac{1}{2}$ 이다.

3-3. 사각형 DBFE는 평행사변형이다.

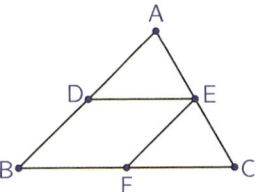

이유: 점 D, E가 각각 두 변 AB와 AC의 중점이므로, 중점연결정리에 의하여 $\overline{DE}$ ∥ $\overline{BC}$ 이다.…① 마찬가지로 점 E, F가 각각 두 변 AC와 BC의 중점이므로 $\overline{AB}$ ∥ $\overline{EF}$ 이다.…②

①, ②에서 서로 다른 두 쌍의 대변이 평행이므로 사각형 DBFE는 평행사변형이다. (또는 $\overline{DE}$ ∥ $\overline{BF}$ 하고 길이가 같은 조건을 말할 수도 있음.)

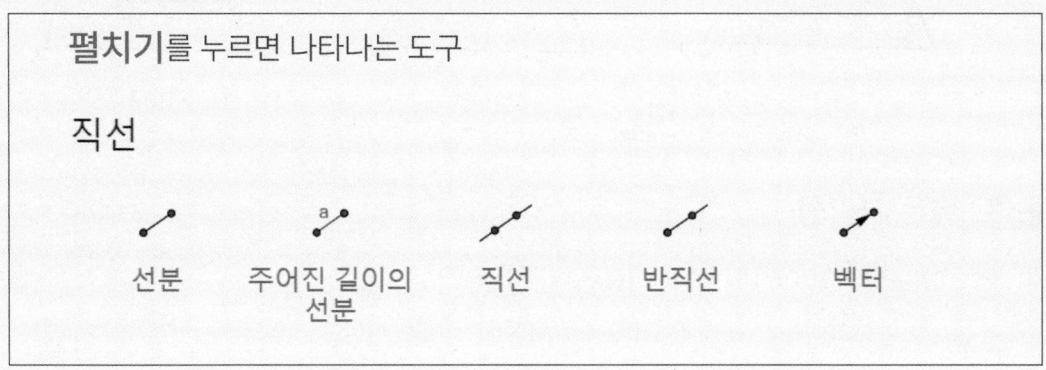

※ 앱에서 도구를 선택하면 사용 방법이 화면에 문장으로 나타난다.

9. 닮음의 위치

https://www.geogebra.org/m/wdgvfztg

1. 활동의 목적

- 두 닮은 도형의 '닮음의 중심'과 '닮음의 위치'의 뜻을 안다.
- 한 점을 중심으로 한 도형과 닮음의 위치에 있는 도형을 작도할 수 있다.

2. 필요한 능력

- 수학: 닮은 도형/닮은 도형의 성질/닮음의 중심/닮음의 위치
- 지오지브라: 점 끌기
- 관찰: 점을 끌어 도형의 크기나 위치, 모양이 변할 때 변하지 않는 성질 관찰하기

3. 분류

수학영역	학년수준	ICT역할
도형	중2	학생활동도구/문제제시

4. 활동 구성

맥락으로 문제제시 닮은 도형 제시		지오지브라 환경에서 활동 두 점에서 같은 거리에 있는 점 탐색		성질 이해와 적용
• 예상과 확인		• 한 점 탐색 • 다른 점 탐색 • 점의 위치 탐색 • 관계 이해		• 정당화 • 확장 세 점에서 같은 거리에 있는 점

 ◎ QR 코드를 스캔하여 지오지브라 책 『닮음의 위치』를 연다. 이 지오지브라 책은 모두 3개의 지오지브라 활동 (활동 1. 닮음 위치1, 활동 2. 닮음 위치2, 활동 3. 닮음 위치3)을 포함하고 있다.

각 지오지브라 활동에는 한 개 이상의 애플릿이 있으며 사용자는 지시에 따라 애플릿을 조작하며 활동을 수행한다.

5. 활동의 주안점

- 닮음인 두 도형이 항상 닮음의 위치에 있다고 말할 수 없음을 알게 한다.
- 한 점을 닮음의 중심으로 하여 닮음의 위치에 있는 닮은 도형을 그릴 수 있게 하는 활동이 기초가 된다.
- 애플릿에서 닮음의 중심을 이용하여 닮은 도형을 그리는 활동을 하게 한다.
- 애플릿에서 닮음의 중심을 이용하여 만든 닮은 도형이 닮음이 중심의 위치를 변화킬 때 두 도형의 관계를 관찰할 수 있게 한다.

6. 활동 내용

활동 1. 닮음 위치1

점 A와 A′, 점 B와 B′, 점 C와 C′을 지나는 직선이 한 점 O에서 만나고 있습니다.

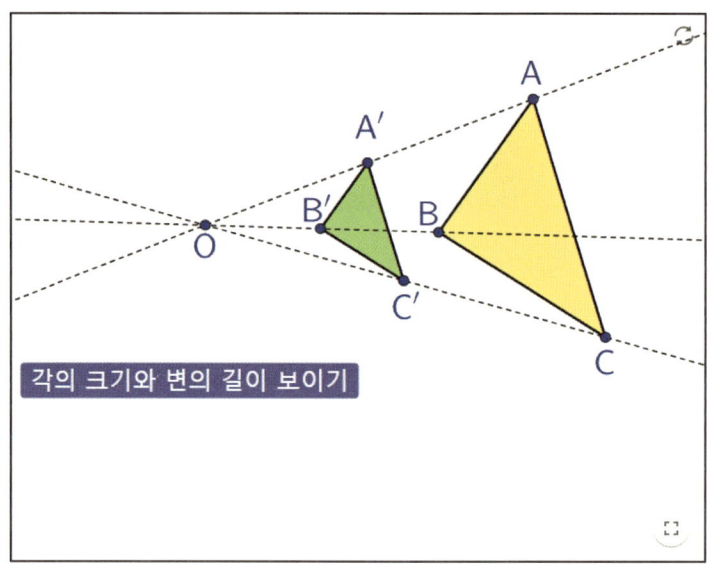

1-1. 애플릿에서 삼각형 ABC와 삼각형 A′B′C′이 서로 닮은 도형입니까?
　　　왜 그렇게 생각합니까? [각의 크기와 변의 길이 보이기] 버튼을 클릭하여 확인해 봅시다.

_____

_____

1-2. 애플릿에서 삼각형 DEF와 삼각형 D′E′F′이 서로 닮은 도형입니까? 왜 그렇게 생각합니까?
[각의 크기와 변의 길이 보이기] 버튼을 클릭하여 확인해 봅시다.

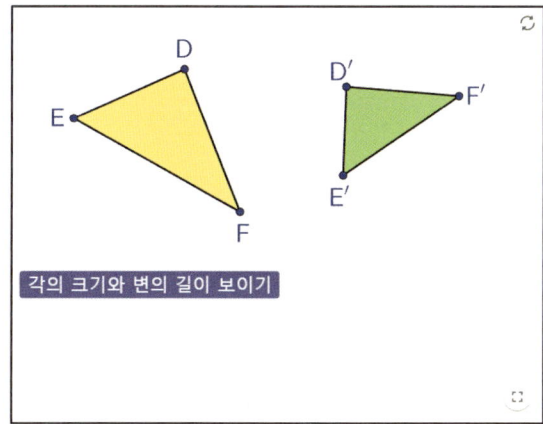

_____

_____

1-3. 애플릿에서 점 A, B 또는 C를 끌어 삼각형의 모양을 변화시켜 보면서 두 도형을 비교하세요.
　　　또, 점 A를 점 A′에 겹쳐 보세요. 무엇을 발견했습니까? 발견한 바를 써 봅시다.

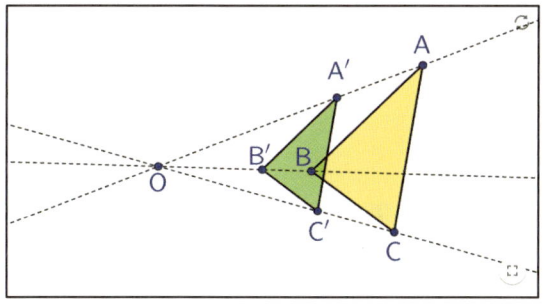

_____

_____

9. 닮음의 위치　　123

1-4. 애플릿에서 점 D를 점 D′에 겹쳐 보세요. 1-3의 경우와 다른 점은 무엇입니까?

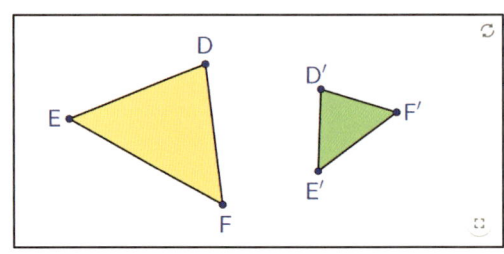

1-5. 위 애플릿에서 삼각형 ABC와 삼각형 A′B′C′은 닮음의 위치에 있고, 삼각형 DEF와 삼각형 D′E′F′은 닮음의 위치에 있지 않습니다. 닮음의 위치에 있다는 뜻을 각자 생각한 대로 말해보세요.

> ※ 두 개의 닮은 도형에 대하여 대응하는 점을 이은 직선이 모두 한 점 O를 지날 때, 이 두 도형을 닮음의 위치에 있다고 하며, 점 O를 닮음의 중심이라고 한다

1-6. 두 도형이 닮음의 위치에 있을 때, 이 두 도형의 변들 사이의 관계를 알아보세요.

활동 2. 닮음 위치2

사각형 ABCD와 한 점 O가 있습니다.

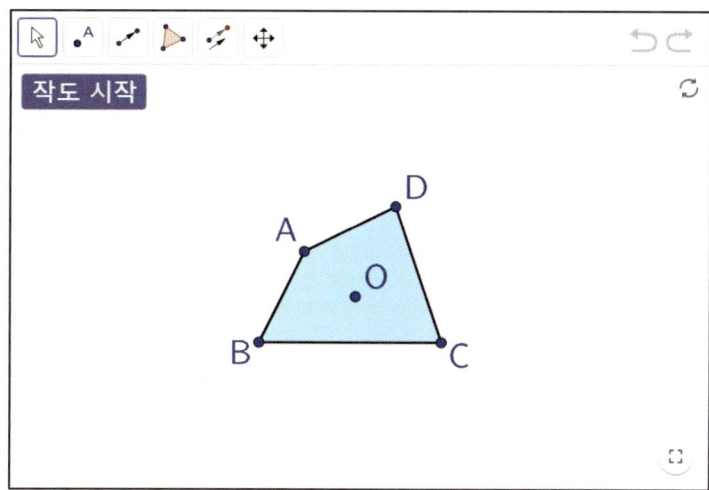

2-1. 점 O를 닮음의 중심으로 하여 사각형 ABCD를 두 배 확대한 도형을 애플릿에서 다음 순서에 따라 작도하세요.

※ 작도 방법

① 작도 시작 버튼을 누르세요.

② 벡터 도구를 선택하고 두 점 O, A를 순서대로 선택을 합니다.

③ 벡터에 의하여 평행이동 도구를 선택하고 점 A와 ②에서 생긴 벡터를 선택합니다.

④ 위와 같은 방법(②,③)으로 꼭짓점 B, C, D에 대응하는 꼭짓점 B′, C′, D′을 작도합니다.

⑤ 다각형 도구를 선택하고 작도한 네 점 A′, B′, C′, D′을 연결합니다.

※ 도구상자의 도구 선택에 주의한다. ① 시작 → ② 벡터 OA(화살표 OA) → ③ 벡터 OA 2배 확대한 OA′ 생성 → ④ B, C, D에 대해 ②,③반복 → ⑤ 사각형 A′B′C′D′ 작도

2-2. 작도한 애플릿에서 이동 도구를 선택한 후, 점 O를 사각형의 (1) 외부, (2) 내부, (3) 꼭짓점, (4) 변 위로 옮겨 보세요. 애플릿 화면에서 다음 각 경우에 사각형 ABCD를 2배 확대한 도형의 위치와 모양이 어떻게 변하는지 관찰하세요. 각각의 경우에 2배 확대한 도형을 지면에 그리세요.

(1) 외부

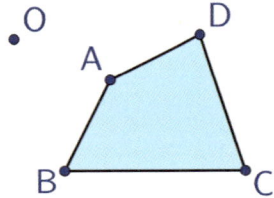

(2) 내부

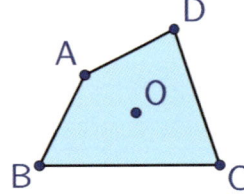

(3) 꼭짓점

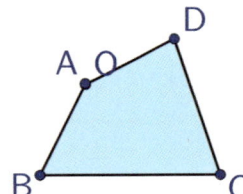

(4) 변 위

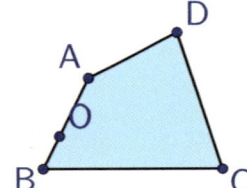

2-3. 이 활동에서 한 점 O를 닮음의 중심으로 하여 확대한 도형에 관하여 발견한 사실을 정리해봅시다.

• 도형의 위치

_____
_____
_____

• 대응변의 관계

_____
_____
_____

• 대응점을 연결한 직선

_____
_____
_____

활동 3. 닮음 위치3

사각형 ABCD와 사각형 EFGH는 닮음의 위치에 있고, 점 O는 닮음의 중심이다. 슬라이더의 닮음비 값은 사각형 ABCD에 대한 사각형 EFGH의 대응변의 길이의 비율이다. 애플릿에서 슬라이더와 점 O를 움직이면서 관찰한 사실을 말해봅시다.

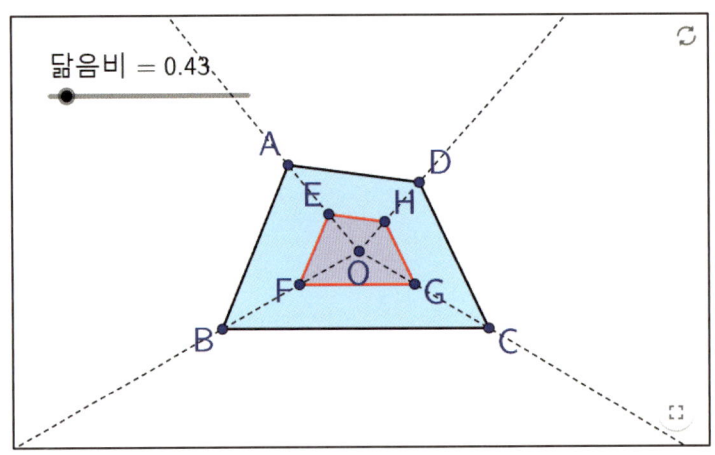

3-1. 슬라이더에서 닮음비 값을 바꿀 때 (1보다 클 때, 1보다 작을 때, 1일 때)

3-2. 닮음의 중심(O)의 위치가 바뀔 때 (도형의 내부, 외부, 변 위, 꼭짓점 위)

7. 활동의 답

활동 1. 닮음 위치1

1-1. 닮음이다. 대응각의 크기가 같고, 대응하는 변의 길이의 비가 같다.

1-2. 닮음이다. 대응각의 크기가 같고, 대응하는 변의 길이의 비가 같다.

1-3. • 크기가 변한다./크기가 변해도 변이 서로 평행하다.
  • 나머지 점도 겹친다.(두 삼각형이 겹쳐진다.)

1-4. 점 A를 A′에 겹치면 삼각형 ABC와 삼각형 A′B′C′이 포개지는데, 점 D를 점 D′에 겹치면 삼각형 DEF와 삼각형 D′E′F′ 포개지지 않는다.

1-5. • 닮음의 위치와 닮음의 중심의 뜻
  − 두 개의 닮은 도형에 대하여 대응하는 점을 이은 직선이 모두 한 점 O를 지날 때, 이 두 도형을 닮음의 위치에 있다고 하며, 점 O를 닮음의 중심이라고 한다.

1-6. 대응하는 변끼리 겹치거나 서로 평행하다.

활동 2. 닮음 위치2

2-1. 작도 시작 버튼과 아이콘  선택에 주의하여 제시된 안내에 따르면 애플릿에 같은 과정을 거쳐 확대한 도형이 그려진다.

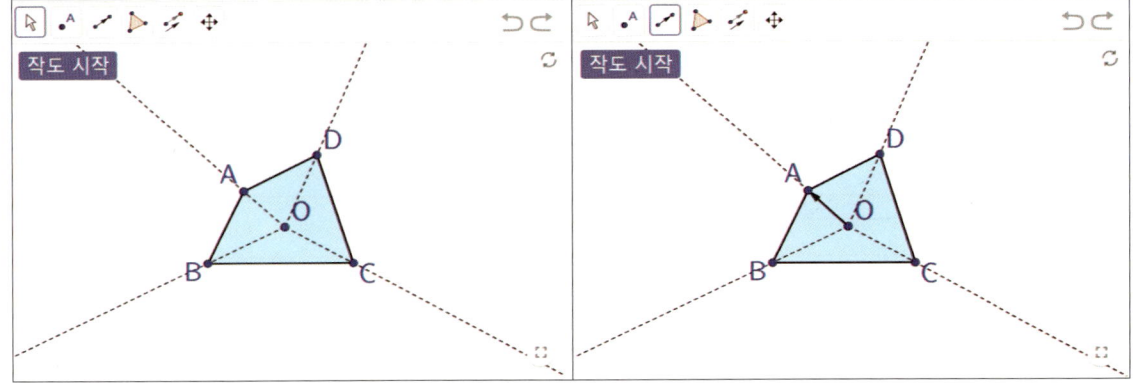

① 작도시작 버튼클릭   ② 두 점 O, A를 순서대로 선택

③ 점 A와 ②에서 생긴 벡터를 선택   ④ 같은 방법(②,③)으로 B′, C′, D′을 작도

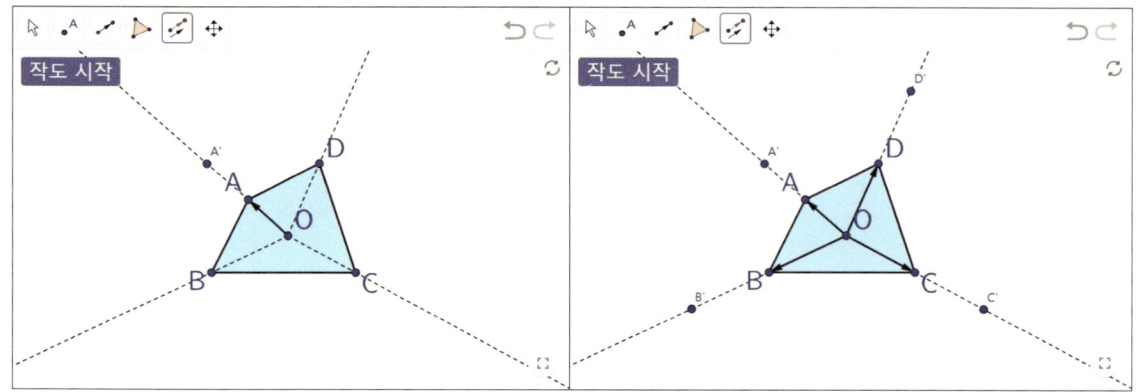

⑤ 네 점 A′, B′, C′, D′을 연결

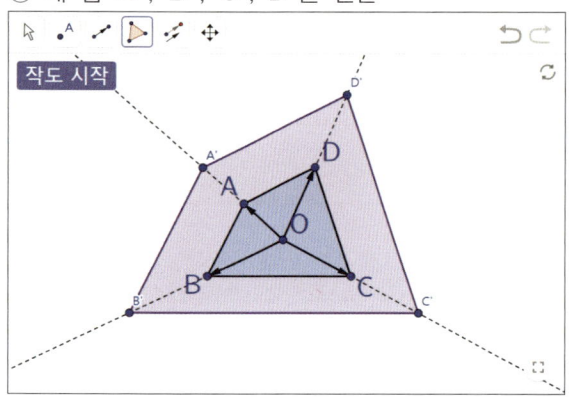

2-2. (1) 외부

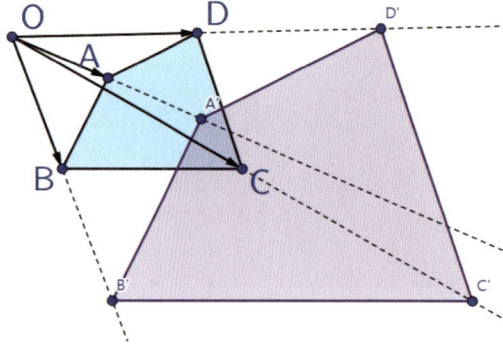

(2) 내부

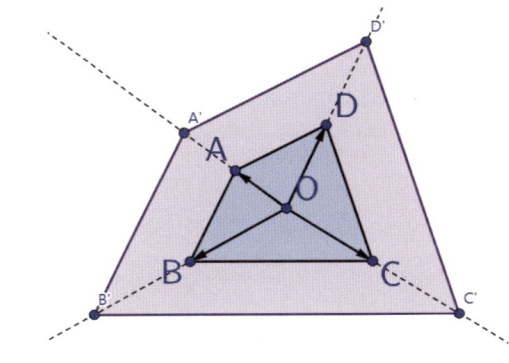

(3) 꼭짓점

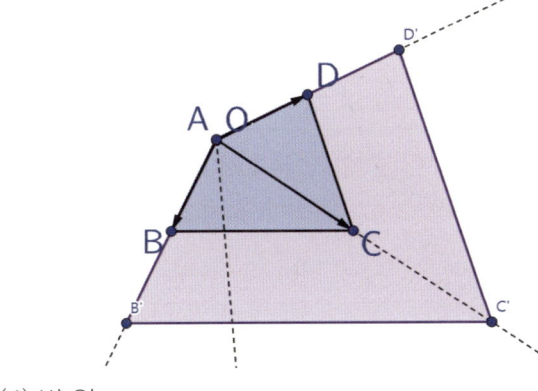

(4) 변 위

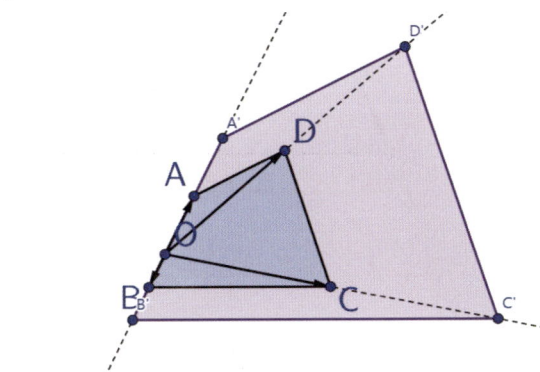

2-3.
- 도형의 위치: 닮음의 중심에 따라 다르다.
- 대응변의 관계: 대응하는 변이 겹치거나 평행하다.
- 대응점을 연결한 직선: 대응하는 꼭짓점을 이어서 만든 직선은 모두 한 점(닮음의 중심)을 지난다.

활동 3. 닮음 위치3

3-1. • 닮음비 값이 1보다 클 때: 사각형 EFGH가 사각형 ABCD보다 크다.
   • 닮음비 값이 1일 때: 사각형 EFGH가 사각형 ABCD이 일치한다(합동이다).
   • 닮음비 값이 1보다 작을 때: 사각형 EFGH가 사각형 ABCD보다 작다.

3-2. 점 O의 위치에 따라 두 도형의 위치 관계가 달라진다.
   두 도형이 합동일 때를 제외하고 다음과 같다.
   • 점 O가 사각형 내부에 있을 때: 한 도형이 다른 도형의 내부에 놓인다.

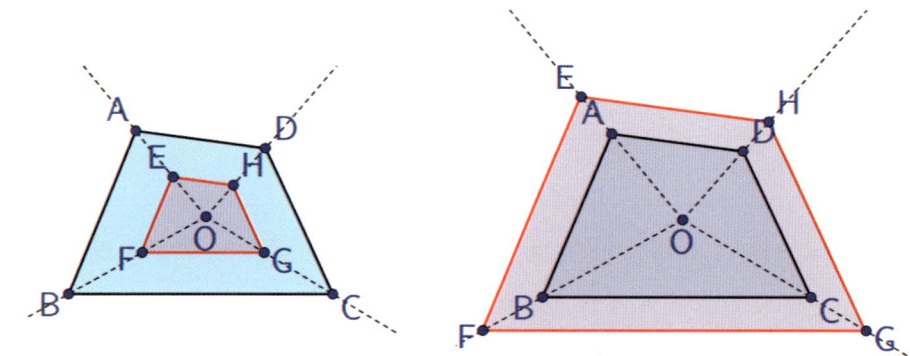

   • 점 O가 사각형 외부에 있을 때: 두 도형이 일부가 겹치거나 만나지 않는다.

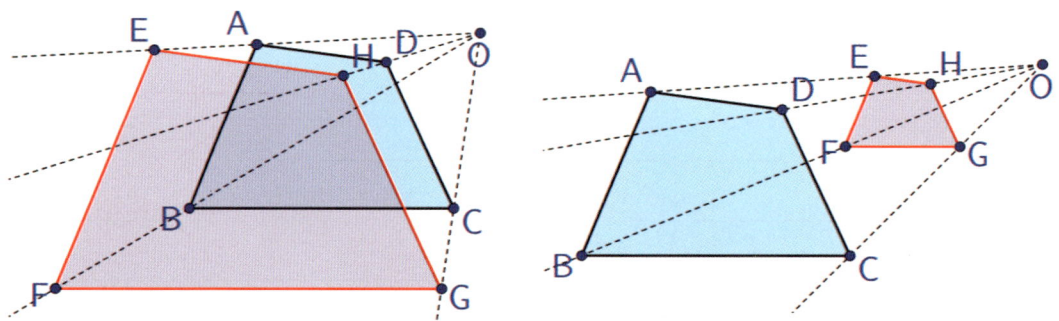

   • 점 O가 꼭짓점 또는 변 위에 있을 때: 두 도형의 한 쌍 이상 대응변의 일부가 겹친다.

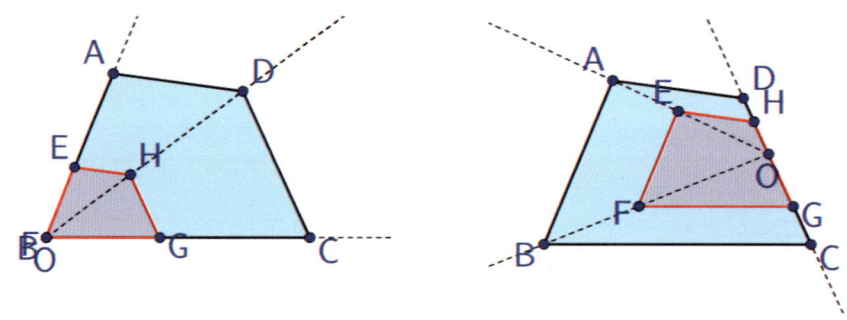

10. 직각삼각형과 삼각비

https://www.geogebra.org/m/ewq8mfna

1. 활동의 목적

- 두 직각삼각형의 닮음의 성질로부터 삼각비를 이해하고 세 가지 삼각비를 안다.
- 삼각비를 이용하여 관련된 실생활 문제를 해결할 수 있다.

2. 활동에 필요한 능력

- 수학: 삼각형의 닮음 조건/닮은 도형의 성질
- 지오지브라: 점 끌기
- 관찰: 점을 끌어 도형의 크기나 위치, 모양이 변할 때 변하지 않는 성질 관찰하기

3. 분류

수학영역	학년수준	ICT역할
도형	중3	학생활동도구/문제제시

4. 활동 구성

직각삼각형 닮음 예각이 같은 직각삼각형		지오지브라 활동 직각삼각형의 두 변의 비		성질 이해와 적용
• 닮음 확인 • 닮음비 • 삼각비		• $\sin A$ • $\cos A$ • $\tan A$ • 그래프		• 각의 크기와 sin, cos, tan 값의 변화

133

 ◎ QR 코드를 스캔하여 지오지브라 책 『직각삼각형과 삼각비』를 연다. 이 지오지브라 책은 모두 5개의 지오지브라 활동 (활동 1. 직각삼각형의 닮음, 활동 2. 삼각비 sinA, 활동 3. 삼각비 cosA, 활동 4. 삼각비 tanA, 활동 5. 문제해결)을 포함하고 있다.

각 지오지브라 활동에는 한 개 이상의 애플릿이 있으며 사용자는 지시에 따라 애플릿을 조작하며 활동을 수행한다.

5. 활동의 주안점

- 삼각형의 닮음조건을 이용하여 두 직각삼각형의 닮음을 확인할 수 있다.
- 직각삼각형에서 한 예각의 크기가 같으면 닮은 삼각형이 되므로 대응하는 변의 길이의 비가 일정하게 결정된다. 그러므로 삼각비를 정의할 수 있음을 알게 한다.
- 피타고라스 정리를 사용하지 않고 작도로 직각삼각형의 한 변을 구할 수 있게 한다.

6. 활동 내용

활동 1. 직각삼각형의 닮음

1. 다음 애플릿에서 삼각형 ABC와 삼각형 ADE는 ∠A가 공통인 직각삼각형입니다. 애플릿에서 점 E를 움직이면 삼각형 ADE의 크기가, 점 C를 움직이면 예각의 크기가 달라집니다.

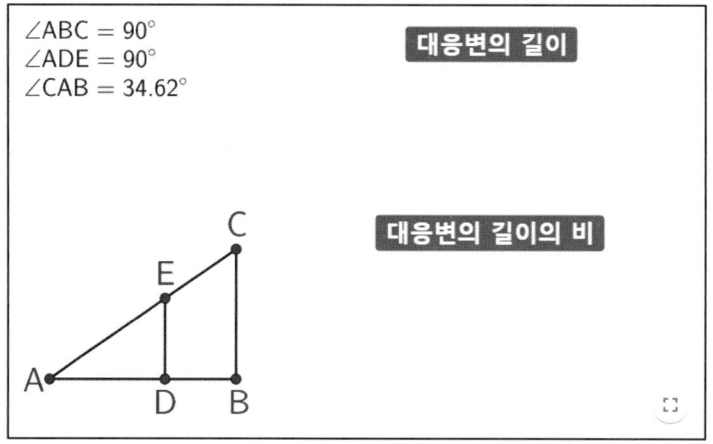

1-1. 삼각형 ABC와 삼각형 ADE는 닮은 도형입니다. 왜 그렇습니까?

1-2. 애플릿에서 대응변의 길이 와 대응변의 길이의 비 버튼을 눌러 세 쌍의 대응변의 길이와 길이의 비 값을 관찰하세요. 각각에 대하여 발견한 사실을 써 보세요.

• 대응변의 길이

• 대응변의 길이의 비

1-3. 점 E를 움직여 삼각형 ADE의 크기를 확대 또는 축소하면서, 애플릿에 나타난 값 중 변화가 있는 것과 없는 것을 찾아보세요.

• 변화가 있는 것

• 변화가 없는 것

1-4. 점 C를 움직여 ∠A의 크기를 바꾸면서 직각삼각형의 [변의 길이의 비]를 관찰하세요. 변화가 있는 것과 없는 것은 무엇입니까?

• 변화가 있는 것

• 변화가 없는 것

■ 보충설명 (Level Up)

직각삼각형 ABC와 ADE는 닮음(기호로는 △ABC ∽ △ADE)이므로 대응하는 변의 길이의 비는 일정하다. 즉 △ABC ∽ △ADE 일 때,

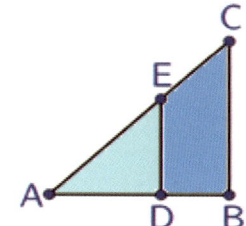

$\overline{CB} : \overline{ED} = \overline{AC} : \overline{AE}$ 이므로 $\overline{CB} : \overline{AC} = \overline{ED} : \overline{AE}$. 즉, $\dfrac{\overline{CB}}{\overline{AC}} = \dfrac{\overline{ED}}{\overline{AE}}$

$\overline{AB} : \overline{AD} = \overline{AC} : \overline{AE}$ 이므로 $\overline{AB} : \overline{AC} = \overline{AD} : \overline{AE}$. 즉, $\dfrac{\overline{AB}}{\overline{AC}} = \dfrac{\overline{AD}}{\overline{AE}}$

$\overline{CB} : \overline{ED} = \overline{AB} : \overline{AD}$ 이므로 $\overline{CB} : \overline{AB} = \overline{ED} : \overline{AD}$. 즉, $\dfrac{\overline{CB}}{\overline{AB}} = \dfrac{\overline{ED}}{\overline{AD}}$

⇨ 직각삼각형에서는 한 예각의 크기가 정해지면, 직각삼각형의 크기와 상관없이 두 변의 길이의 비는 항상 일정하다.

1-5. 삼각비의 뜻을 알아봅시다. 애플릿에서 삼각비의 뜻 버튼을 누르면 삼각비의 뜻을 볼 수 있습니다. 직각삼각형에서는 한 예각의 크기가 정해지면 직각삼각형의 크기와 상관없이 두 변의 길이의 비는 항상 일정합니다. 이 값을 예각의 삼각비라 부르며 모두 세 가지가 있습니다. 세 가지 삼각비를 써보세요.

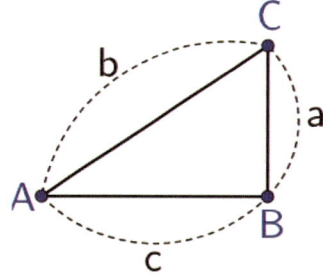

$\sin A =$

$\cos A =$

$\tan A =$

애플릿에서 점 C를 움직여 직각삼각형 ABC의 ∠A의 크기를 쓰고, 서로 다른 각에 대하여 삼각비를 각각 써보세요.

- ∠A의 사인(sine): $\sin A$

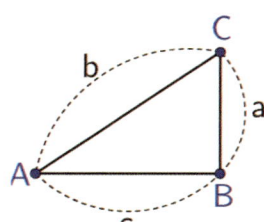

∠CAB = _____°일 때, $\sin A =$ _____

∠CAB = _____°일 때, $\sin A =$ _____

- ∠A의 코사인(cosine): $\cos A$

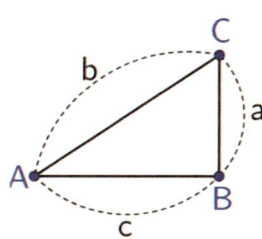

∠CAB = _____°일 때, $\cos A =$ _____

∠CAB = _____°일 때, $\cos A =$ _____

- ∠A의 탄젠트(tangent): $\tan A$

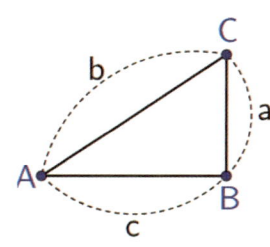

∠CAB = _____°일 때, $\tan A =$ _____

∠CAB = _____°일 때, $\tan A =$ _____

활동 2. 삼각비 sinA

2-1. 애플릿에서 ∠A의 크기에 따라 $\sin A$의 값이 어떻게 변하는지 알아봅시다.

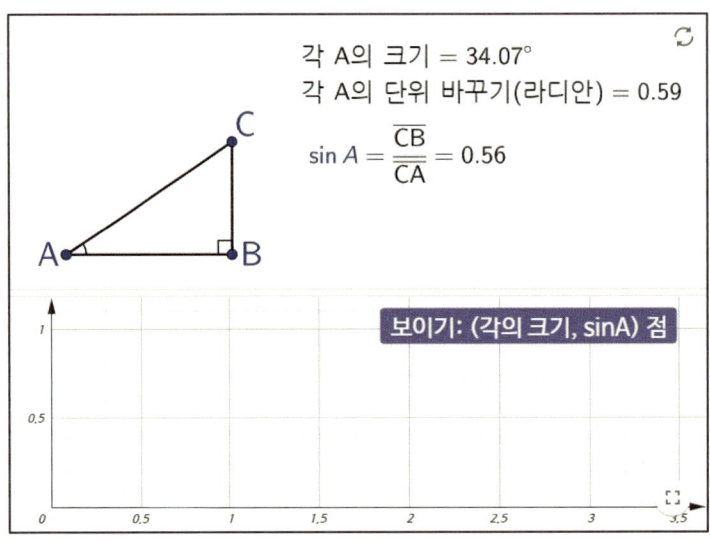

> ■ 각의 크기 나타내기
>
> • 각의 크기를 나타내는 단위로 한 바퀴를 360으로 하는 도(°)가 있습니다.
> • 각의 크기를 나타내는 다른 방법으로 '반지름이 1인 부채꼴의 호의 길이'를 사용하는 것입니다. 예를 들면, 한 바퀴(360°)는 약 $6.28(2\pi)$, 90°는 약 1.57입니다. 이는 "호의 길이는 중심각의 크기에 비례한다"는 성질에 근거한 것이며, 이 방법을 호도법(호의 길이로 각도를 나타내는 방법)이라고 합니다.

※ 애플릿에서 점 C를 움직이면 ∠A의 크기가 변하는데, 이때 각의 크기가 도(°)와 라디안으로 화면에 표시됩니다.

- 애플릿에서 **보이기: (각의 크기, sinA) 점** 버튼을 누르면 (∠A의 크기, $\sin A$)를 좌표로 하는 점이 좌표평면에 표시됩니다.
- 점 C를 움직여 ∠A의 크기를 바꾸면 각의 변화에 따라 점이 흔적으로 나타납니다.
  ⇨ 애플릿에 만들어진 점의 흔적이 $y = \sin A$의 그래프입니다. $y = \sin A$ 그래프의 특징을 말해보세요.

2-2. [지필활동] $y = \sin A$의 그래프 그리기

애플릿에서 점 C를 움직이면서 아래 대응표를 채우세요. ∠A의 크기(x의 값)는 라디안으로 하기로 합니다.

∠A의 크기							
$\sin A$							

• (∠A의 크기, $\sin A$)를 아래 좌표평면에 점으로 찍어 보세요.

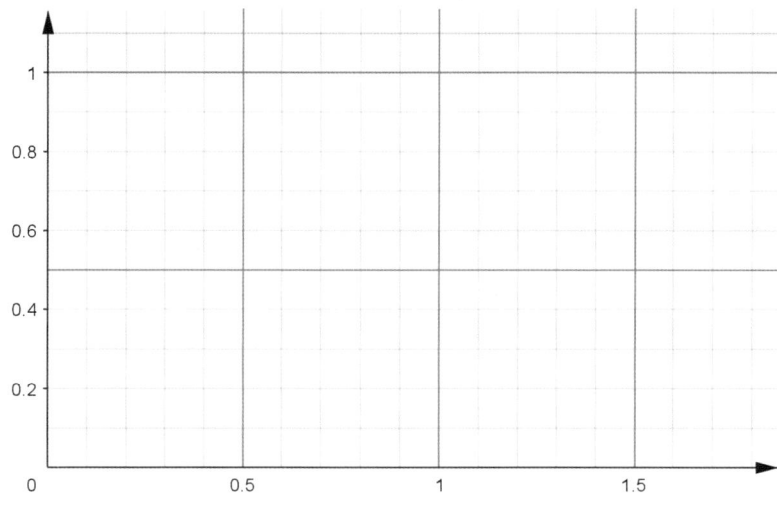

$y = \sin A$의 그래프

활동 3. 삼각비 cosA

3-1. ∠A의 크기에 따라 $\cos A$의 값이 어떻게 변하는 지 알아봅시다.

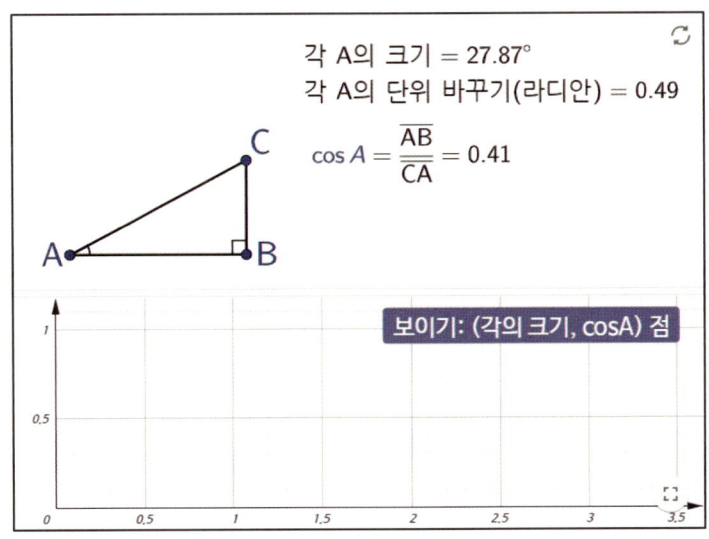

- 애플릿에서 보이기: (각의 크기, cosA) 점 버튼을 눌러 (∠A의 크기, $\cos A$)를 좌표로 하는 점이 좌표평면에 표시됩니다.
- 점 C를 움직여 ∠A의 크기를 바꾸면서 점의 흔적을 관찰해보세요.
  ⇨ 애플릿에 만들어진 점의 흔적이 $y = \cos A$의 그래프입니다. $y = \cos A$ 그래프의 특징을 말해보세요.

3-2. [지필활동] $y = \cos A$의 그래프

애플릿에서 점 C를 움직이면서 아래 대응표를 채우세요. ∠A의 크기(x의 값)는 라디안으로 하기로 합니다.

∠A의 크기							
$\cos A$							

- (∠A의 크기, $\cos A$)를 아래 좌표평면에 점으로 찍어 보세요.

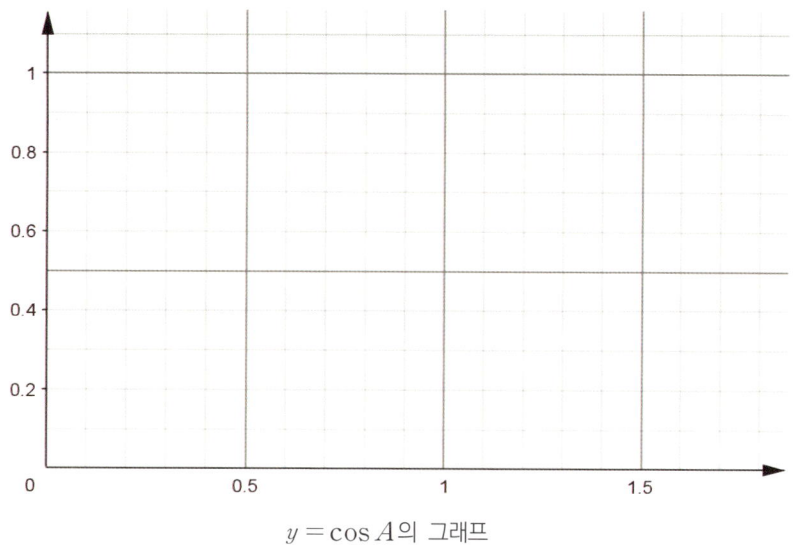

$y = \cos A$의 그래프

활동 4. 삼각비 tan$A$

4-1. ∠A의 크기에 따라 $\tan A$의 값이 어떻게 변하는 지 알아봅시다.

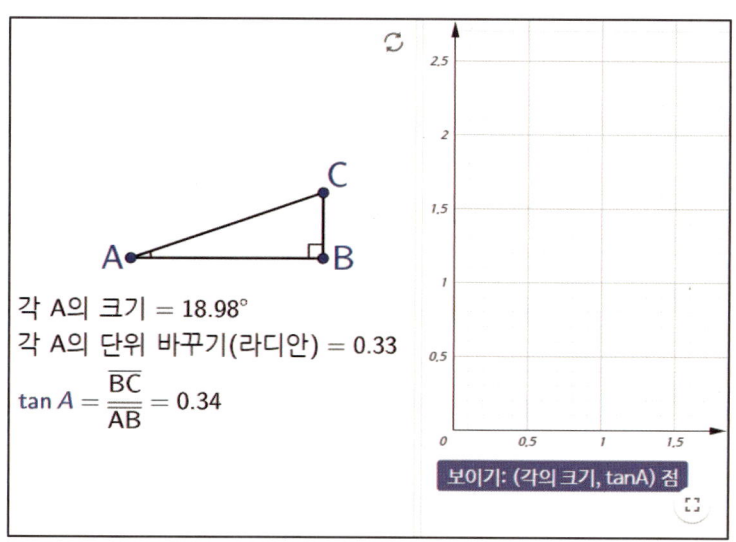

- 애플릿에서 보이기: (각의 크기, tanA) 점 버튼을 눌러 (∠A의 크기, $\tan A$)를 좌표평면에 점으로 나타내보세요.
- 점 C를 움직여 ∠A의 크기를 바꾸면서 점의 흔적을 관찰해보세요.
  ⇨ 애플릿에 만들어진 점의 흔적이 $y = \tan A$의 그래프입니다. $y = \tan A$ 그래프의 특징을 말해보세요.

4-2. [지필활동] $y = \tan A$의 그래프

애플릿에서 점 C를 움직이면서 아래 대응표를 채우세요. ∠A의 크기(x의 값)는 라디안으로 하기로 합니다.

∠A의 크기							
$\tan A$							

- (∠A의 크기, $\tan A$)를 아래 좌표평면에 점으로 찍어 보세요.

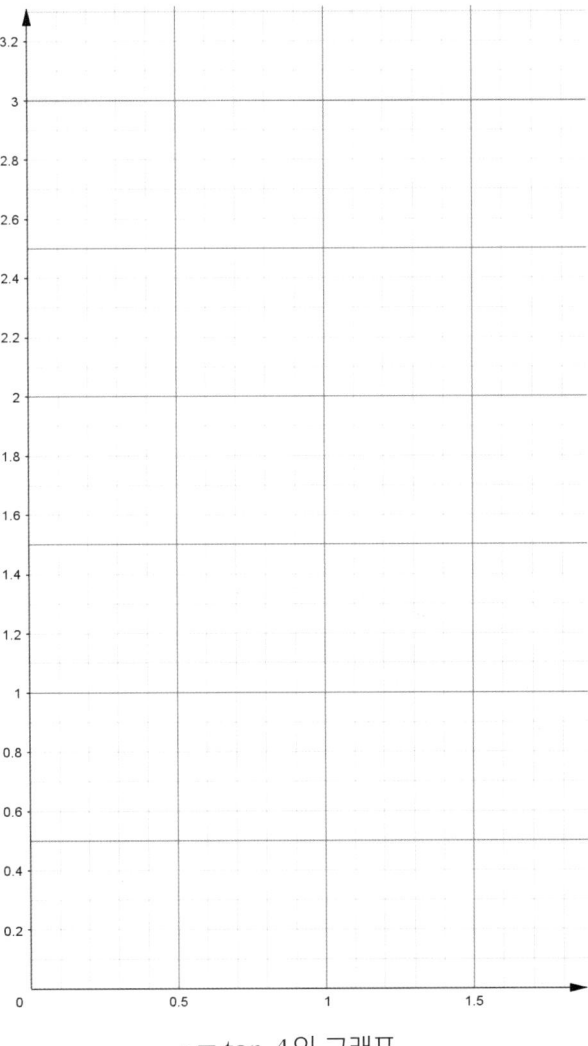

$y = \tan A$의 그래프

활동 5. 직각삼각형의 닮음 활용

5-1. 지면으로부터 2 m 높이의 창문턱에 길이가 3 m인 사다리를 걸쳐 놓으려고 합니다. 사다리의 끝이 놓이게 되는 지점은 벽에서 얼마만큼 떨어져 있을까요? 다음 애플릿을 이용하여 문제를 해결하세요.

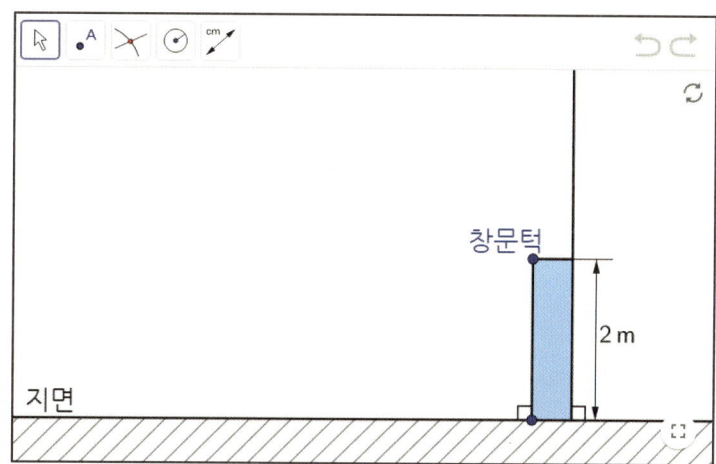

※ 교점 도구를 이용하면 서로 다른 대상이 만나는 교점을 만들 수 있습니다.

원: 중심과 반지름 도구를 이용하면 중심이 되는 점과 반지름의 길이를 이용하여 원을 만들 수 있습니다.

거리 또는 길이 도구를 이용하면 선분의 길이, 원의 둘레, 두 점 사이의 거리 등을 구할 수 있습니다.

• 벽에서 사다리 끝이 놓이게 되는 지점까지의 거리를 애플릿에서 작도로 구해보세요.

• 이때 "지면과 사다리가 이루는 각"의 tangent 값은 얼마입니까?

7. 활동의 답

활동 1. 직각삼각형의 닮음

1-1. 삼각형 ABC와 삼각형 ADE에서 ∠ABC = ∠ADE = 90°, ∠A는 공통이므로(AA닮음). 즉, 한 예각의 크기가 같은 두 직각삼각형은 닮음이다.

1-2. • 세 쌍의 대응변의 길이는 서로 다르다. • 그러나 세 쌍의 대응변의 비는 일정하다.

1-3. 점 E는 변 AC 위에서 움직인다.
   • 변하는 것: 직각삼각형 △AED의 크기와 변의 길이.
   • 불변하는 것: ∠A의 크기, △AED의 변의 길이의 비와 △ABC의 변의 길이의 비 3가지는 각각 같다.

$$\frac{(높이)}{(빗변의 길이)}, \quad \frac{(밑변의 길이)}{(빗변의 길이)}, \quad \frac{(높이)}{(밑변의 길이)}$$

   ⇨ 예각의 크기가 같은 두 직각삼각형은 변의 길이의 비(3가지)가 각각 같다.

1-4. 점 C를 움직이면 ∠A의 크기가 변한다.
   • 두 직각삼각형의 대응변의 길이의 비(닮음비)는 변하지만 그 값은 모두 같다.
   • 두 직각삼각형은 변의 길이의 비(3가지)가 각각 같다.

1-5. 직각삼각형에서는 한 예각의 크기만 같으면 모두 닮음이 되고 변끼리의 비가 일정하다. 이 값을 그 예각의 삼각비라 부르는데, 세 종류의 삼각비가 있다.

> • $\sin A = \dfrac{a}{b} = \dfrac{(높이)}{(빗변의 길이)}$
>
> • $\cos A = \dfrac{c}{b} = \dfrac{(밑변의 길이)}{(빗변의 길이)}$
>
> • $\tan A = \dfrac{a}{c} = \dfrac{(높이)}{(밑변의 길이)}$

   • $\sin A$의 .... 애플릿에서 값을 읽어 답을 쓰면 된다. 그러므로 여러 개의 답이 가능하다.

   (예시답) ∠CAB = 21.02° 일 때, $\sin A$ = 0.36
   ∠CAB = 46.65° 일 때, $\sin A$ = 0.73

   • $\cos A$, $\tan A$ 답 생략

활동 2. 삼각비 sinA

2-1. $y = \sin A$의 그래프 .

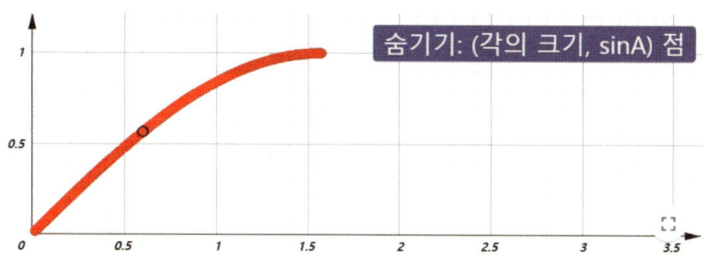

⇨ 특징: $0 < y < 1$

∠A의 크기가 증가하면 y도 증가한다.

∠A의 크기가 커질수록 y의 증가 속도가 점차 느려진다.

2-2. (예시답안)

애플릿에서 점 C를 움직여, 각의 크기와 sin값을 보고 대응표를 완성한다.

∠A의 크기 (예)	0.18	0.22	0.43	0.66	0.92	1.23	1.47
$\sin A$	0.17	0.21	0.42	0.61	0.79	0.94	0.99

좌표평면에 순서쌍 $(0.18, 0.17)$ 등 9개의 점을 표시한다. 부드럽게 연결하면 2-1과 유사한 그래프가 그려진다.

활동 3. 삼각비 cos$A$

3-1. $y = \cos A$ 그래프

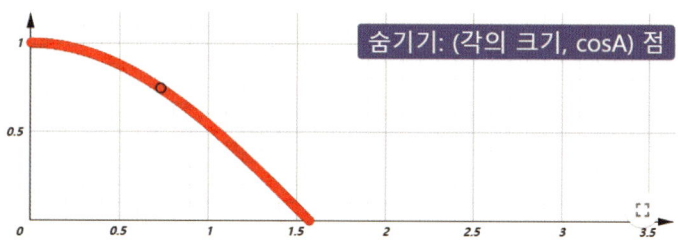

⇨ 특징: $0 < y < 1$

∠A의 크기가 증가하면 y는 감소한다.

∠A의 크기가 커질수록 y의 감소 속도가 점차 느려진다.

3-2. 애플릿에서 점 C를 움직여, 각의 크기와 cos값을 보고 대응표를 완성하고 좌표평면에 그래프로 나타낸다. (예시답안)

∠A의 크기 (예)	0.1	0.19	0.43	0.64	0.85	1.13		
cos A	0.1	0.19	0.38	0.48	0.5	0.38		

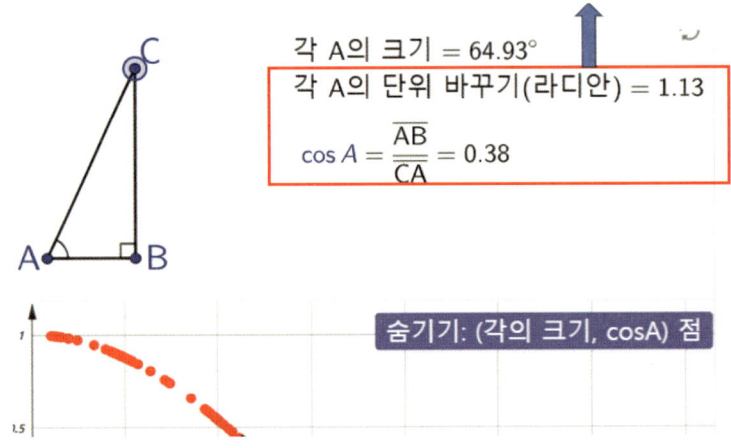

활동 4. 삼각비 tan A

4-1. $y = \tan A$ 그래프

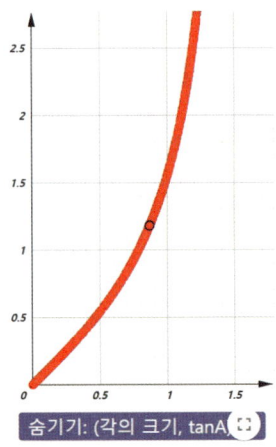

⇨ 특징: $y > 0$
  ∠A의 크기가 증가하면 y도 증가한다.
  ∠A의 크기가 커질수록 y의 증가 속도가 점차 커진다.

4-2. 애플릿에서 점 C를 움직여, 각의 크기와 tan값을 보고 대응표를 완성한 후, 좌표평면에 그래프로 나타낸다. (3-2 답안 참조.)

활동 5. 직각삼각형의 닮음 활용

5-1. [작도] 원: 중심과 반지름 도구를 이용하여 창문 턱 점을 클릭한 후 나오는 창에 반지름 3을 입력하면 창문 턱을 중심으로 하고 반지름이 3인 원이 그려진다. 교점 도구를 이용하여 원과 지면을 선택하여 원과 지면의 교점을 찾는다. 거리 또는 길이 도구를 이용하여 찾은 교점과 창문 턱에서 지면에 내린 수선의 발 사이의 거리를 측정한다.

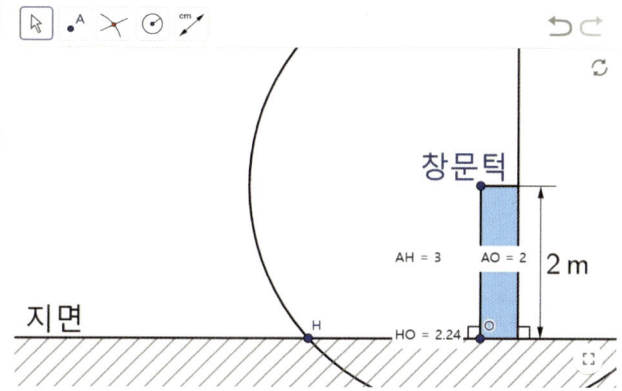

⇨ 따라서 변에서 사다리 끝에 이르는 거리는 2.24 m이다.

⇨ 지면과 사다리가 이루는 각의 삼각비 중 탄젠트값은 $\dfrac{2}{2.24} ≒ 0.893$이다.

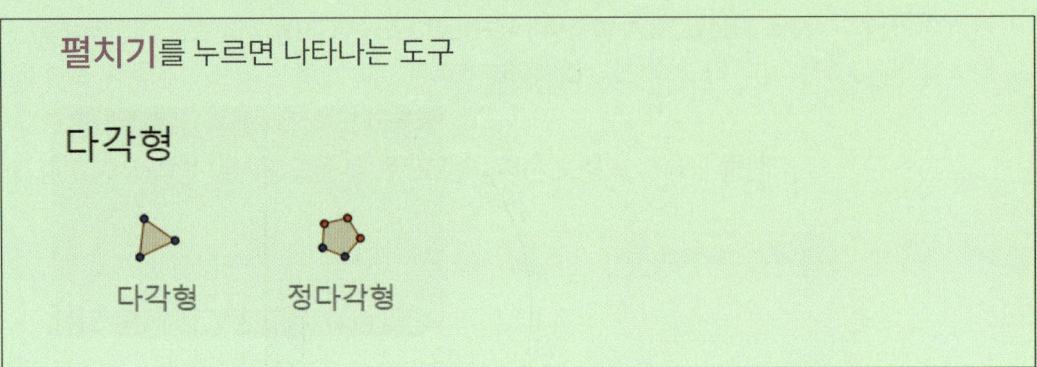

※ 앱에서 도구를 선택하면 사용 방법이 화면에 문장으로 나타난다.

11. 원과 접선

https://www.geogebra.org/m/hz7mjkpx

1. 활동의 목적

- 애플릿에서 원의 접선과 반지름 사이의 관계를 발견한다.
- 원 밖의 한 점에서 원에 그은 두 접선에 관한 성질을 이해하고, 그 성질이 성립하는 이유를 안다.
- 내접원의 반지름의 길이를 이용하여 삼각형의 넓이를 구한다.
- 넓이와 둘레가 주어진 삼각형의 내접원의 반지름의 길이를 구한다.

2. 필요한 능력

- 수학: 접선의 뜻, 삼각형의 내접원, 추론능력
- 지오지브라: 점 끌기, 거리측정, 원그리기
- 관찰: 점을 끌어 도형의 크기나 위치, 모양이 변할 때 변하지 않는 성질 관찰하기

3. 분류

수학영역	학년수준	ICT활용
도형	중3	학생활동도구/문제제시

4. 활동 구성

원의 접선		접선의 성질		성질 이해와 응용

• 접선과 원의 반지름		• 선분의 측정값 관찰
		• 원 밖의 한 점에서 원에 그은 두 접선
				• 삼각형의 넓이 구하기
				  (내접원 이용)
				• 내접원의 반지름
				  (넓이 이용)

 ◎ QR 코드를 스캔하여 지오지브라 책 『원과 접선』를 연다. 이 지오지브라 책은 모두 5개의 지오지브라 활동 (활동 1. 원의 반지름과 접선, 활동 2. 삼각형과 내접원, 활동 3. 원과 두 접선, 활동 4. 내접원과 삼각형의 넓이, 활동 5. 직각삼각형과 내접원)을 포함하고 있다.

각 지오지브라 활동에는 한 개 이상의 애플릿이 있으며 사용자는 지시에 따라 애플릿을 조작하며 활동을 수행한다.

5. 활동의 주안점

- 애플릿에서 관찰을 통해 접선의 성질을 발견하게 한다.
- 점을 끌어 도형의 위치와 크기를 변화시킬 때, 본질적으로 변하지 않는 성질이 무엇인지 주목할 수 있게 한다.
- 삼각형의 넓이를 공식으로, 또 도형을 분할하여 내접원과 관련시켜 구할 수 있게 한다.
- 애플릿의 계산도구를 이용하게 한다.

6. 활동 내용

활동 1. 원의 반지름과 접선

1. 애플릿에서 직선 TA는 원 O와 한 점 T에서 만납니다. 이때 직선이 원 O에 접한다고 하고 점 T를 접점, 직선 TA를 원의 접선이라고 합니다.

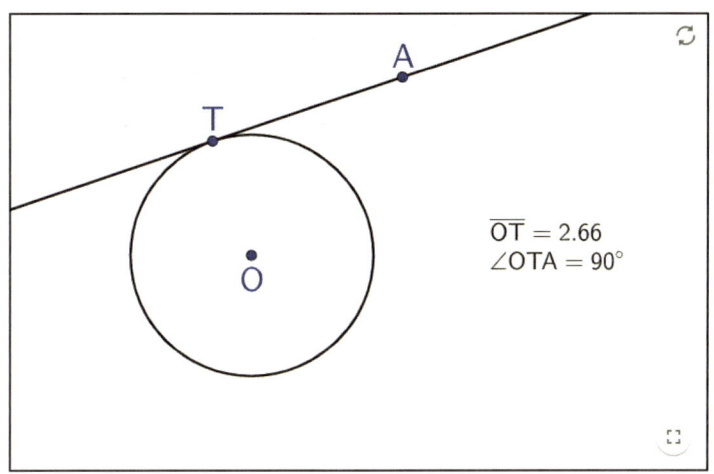

1-1. 애플릿에서 점 O를 끌면 원의 크기가 변합니다. 애플릿에서 접점 T를 끌어 위치를 바꾸면 접선의 위치도 바뀝니다. 애플릿에서 원의 크기와 접선의 위치를 바꾸면서 길이와 각의 측정값을 관찰하여, 발견한 사실을 써보세요.

- 접선과 원의 반지름 관련 성질

_____
_____

활동 2. 삼각형과 내접원

2. 애플릿의 그림과 같이 삼각형의 내부에 세 변에 접하는 원을 원의 내접원이라고 합니다. 애플릿에 거리와 각의 측정값이 병기되어 있습니다.

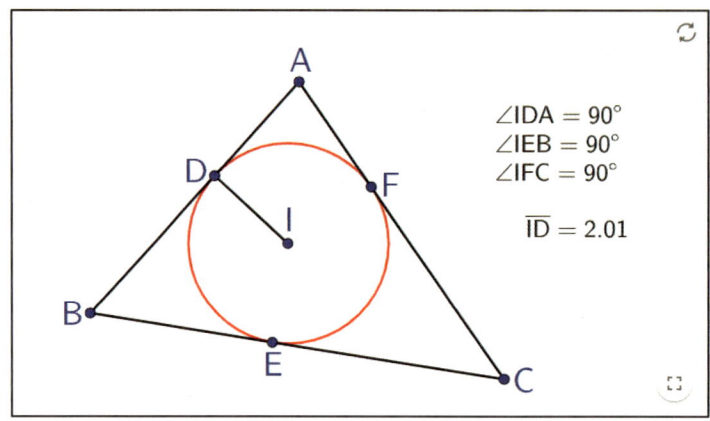

2-1. 그림에서 원의 접점을 찾아보세요.

2-2. 애플릿에서 삼각형의 꼭짓점을 끌면 삼각형의 모양과 내접원이 바뀝니다. 꼭짓점을 끌면서 측정값을 관찰하여, 삼각형의 변과 내접원의 반지름 사이의 관계를 써보세요.

2-3. 어떤 삼각형이나 내접원이 항상 존재합니다. 그 이유가 무엇입니까?

- 이유

- 내접원의 중심을 어떻게 찾을 수 있습니까?

활동 3. 원과 두 접선

3. 접점에 의하여 삼각형의 각 변은 항상 2개의 선분으로 나뉩니다. 애플릿에 세 변과 나뉜 선분, 반지름, 각의 측정값이 병기되어 있습니다.

   애플릿에서 삼각형의 꼭짓점을 끌면 삼각형의 모양과 내접원이 바뀝니다.

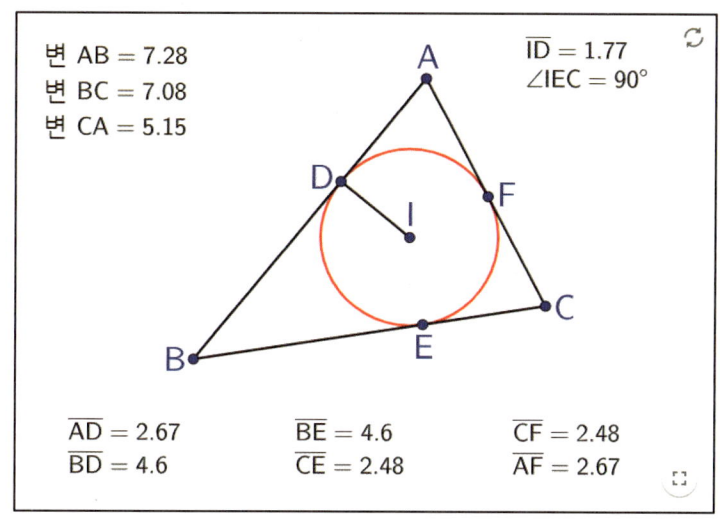

3-1. 애플릿에서 꼭짓점을 끌어 삼각형의 모양과 크기를 바꾸어 보면서 길이의 변화를 관찰해보세요. 한 점에서 같은 원에 그은 두 접선의 길이와 관련하여 발견한 성질은 무엇인지 써보세요.

3-2. 위에서 발견한 성질이 타당한 이유를 써보세요.

활동 4. 내접원과 삼각형의 넓이

4. 삼각형 ABC와 그 내접원이 있습니다. 애플릿에 변과 선분의 길이 등 측정값이 표시되어 있습니다.

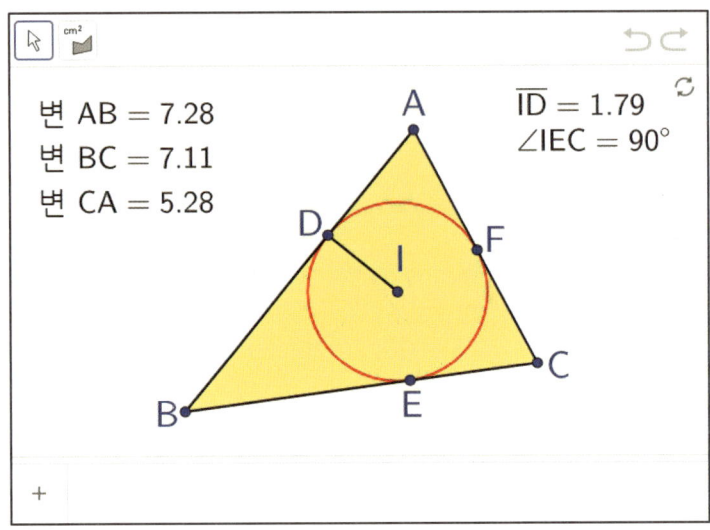

4-1. 애플릿에서 상단의 넓이 도구를 사용하여 삼각형의 넓이를 구해보세요.

- 넓이 도구를 선택하고 삼각형 내부를 클릭하면 넓이가 구해진다.

4-2. 그림과 같이, 삼각형의 각 꼭짓점을 내접원의 중심 I와 연결하면, 삼각형 ABC는 세 개의 삼각형으로 나눌 수 있습니다. 이때 삼각형 ABC의 넓이를 세 삼각형 ABI, BCI, CAI의 넓이 합으로 구할 수 있습니다.

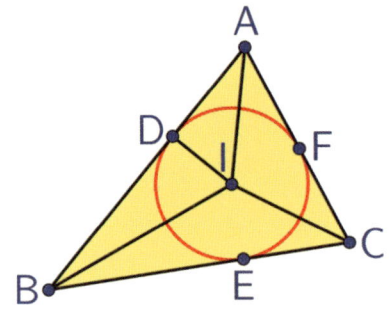

애플릿에 나타난 측정값을 이용하여, 세 삼각형의 넓이 합으로 삼각형 ABC의 넓이를 구해보세요. 애플릿 화면 하단의 계산기를 사용하세요.

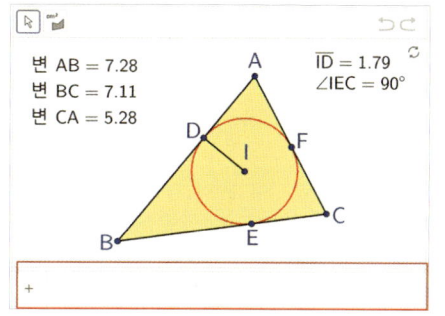

← 계산기 입력부분

계산기 부분에 수 또는 기호를 입력하면 됩니다.

• 이 방법으로 구한 삼각형의 넓이(A2)

• 세 삼각형의 합으로 구한 삼각형의 넓이(A2)가 4-1에서 구한 넓이(A1)과 같게 나왔습니까?

• 만일 값 차이가 있다면, 그 이유가 무엇이라 생각합니까?

4-3. 애플릿에서 삼각형의 꼭짓점을 끌어 모양과 크기가 다르게 변형하고, 화면에 나타난 측정값을 이용하여 넓이를 구해보세요.

- 내가 만든 삼각형 1.

  그림

  변 AB : _____

  변 BC : _____

  변 CA : _____

  내접원의 반지름 : _____

  넓이 : _____

- 내가 만든 삼각형 2.

  그림

  변 AB : _____

  변 BC : _____

  변 CA : _____

  내접원의 반지름 : _____

  넓이 : _____

활동 5. 직각삼각형과 내접원

5. 직각삼각형 ABC와 그 내접원 I입니다.

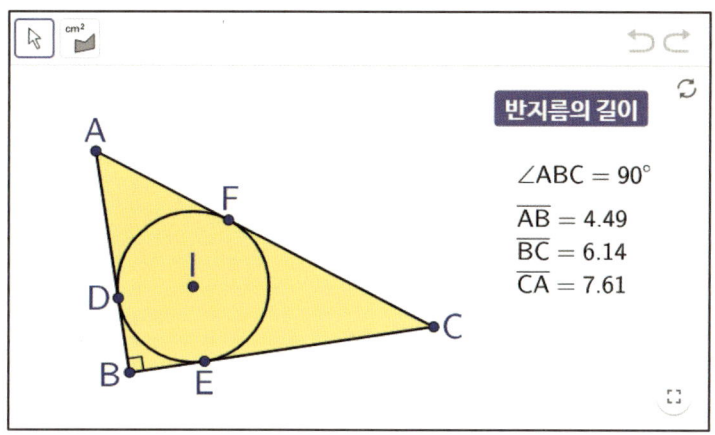

5-1. 삼각형의 넓이를 두 가지 방법으로 구해보세요.

- 애플릿의 넓이 도구를 사용

- 삼각형의 넓이 공식을 사용하여 계산

5-2. 직각삼각형의 변의 길이를 알면 내접원의 반지름의 길이를 구할 수 있습니다. 다음 그림을 보고 반지름을 구하는 방법을 완성해보세요.

반지름을 구하는 방법:

직각삼각형 ABC의 내접원의 반지름(IE)의 길이를 x라 하자.

그러므로 내접원의 반지름의 길이는 _____이다.

- 애플릿 상단의 반지름의 길이 버튼을 눌러 여러분이 계산한 반지름과 같은지 확인해 봅시다.

5-3. 애플릿 화면에서 꼭짓점을 옮겨 모양과 크기가 다른 직각삼각형을 만들고, 화면에 나타난 측정값을 이용하여 내접원의 반지름을 구해보세요.

• 내가 만든 직각삼각형의 내접원

❶ 직각삼각형 1

그림	**내접원의 반지름 구하기**
	풀이
삼각형의 측정값 ∠B = 90° 변 AB _____ 변 BC _____ 변 CA _____	답: _____

❷ **직각삼각형 2**

그림	**내접원의 반지름 구하기**
	풀이
삼각형의 측정값 ∠B = 90° 변 AB _____ 변 BC _____ 변 CA _____	답: _____

7. 활동의 답

활동 1. 원의 반지름과 접선

1-1. 원의 접선은 접점을 지나는 반지름에 수직이다.

활동 2. 삼각형과 내접원

2-1. 접점: 점 D, E, F

2-2. 내접원의 각 변은 접점을 지나는 반지름에 수직이다.
 ($\angle BDI = \angle BEI = \angle AFI = 90°$)

2-3. 내접원이 항상 존재한다.
- 내심(세 변에 이르는 거리가 같은 점)이 원의 내부에 항상 존재한다.)

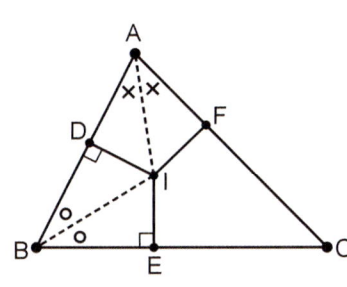

내각의 이등분선 교점이 내접원의 중심(내심)인 이유:
$\angle A$, $\angle B$의 이등분선의 교점을 I라 할 때
점 I에서 세 변에 내린 수선의 발을 각각 D, E, F라 하면,
$\triangle BDI$ 와 $\triangle BEI$에서 $\angle BDI = \angle BEI = 90°$,
$\overline{BI}$ = 공통, $\angle DBI = \angle EBI$이므로, $\triangle BDI \equiv \triangle BEI$
(직각삼각형의 합동조건에 의하여).
그러므로 $\overline{DI} = \overline{EI}$이다. 마찬가지 방법으로 $\overline{DI} = \overline{FI}$가 되어
$\overline{DI} = \overline{EI} = \overline{FI}$(반지름)이다.

- 내접원의 중심(내심) 찾기: 두 각의 이등분선의 교점이 내심이다.

활동 3. 원과 두 접선

3-1. (성질) 삼각형의 한 꼭짓점에서 같은 원에 그은 두 접선의 길이는 서로 같다.
 즉 $\overline{BD} = \overline{BE}$, $\overline{AD} = \overline{AF}$, $\overline{CE} = \overline{CF}$이다.

3-2.

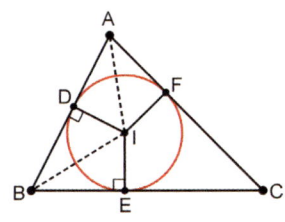

$\triangle BDP$ 와 $\triangle BEP$에서, $\overline{BP}$는 공통, $\overline{DP} = \overline{EP}$(반지름),
$\angle BDP = \angle BEP = 90°$ 이므로
$\triangle BDP \equiv \triangle BEP$(직각삼각형의 합동조건)
그러므로 대응변의 길이는 같다. 즉, $\overline{BD} = \overline{BE}$이다.
마찬가지로 $\triangle ADP \equiv \triangle AFP$이므로, $\overline{AD} = \overline{AF}$이다.
또 $\triangle CFP \equiv \triangle CEP$이므로, $\overline{CF} = \overline{CE}$이다.

활동 4. 내접원과 삼각형의 넓이

4-1. 애플릿에서 넓이 도구를 선택하고 삼각형 내부를 클릭하면 넓이가 구해진다.

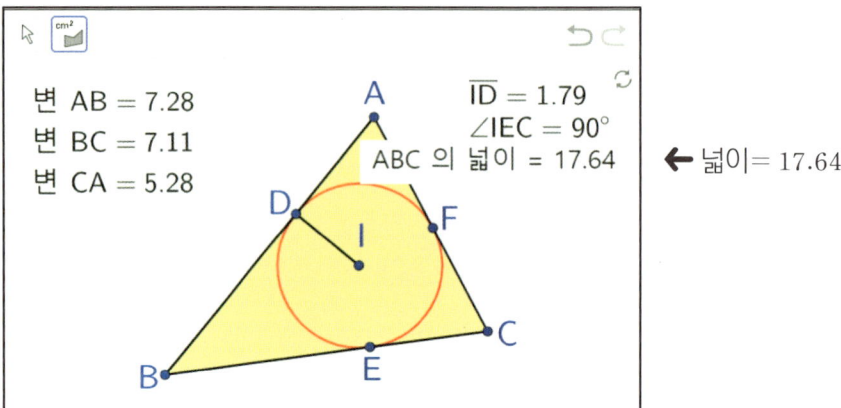

4-2. • 방법: 삼각형의 내접원의 중심(내심)과 꼭짓점을 연결하여 3개 삼각형으로 나눈 후 나누어진 3개의 삼각형의 넓이를 더한다. 이때 나누어진 삼각형은 본래 삼각형의 변이 밑변, 내접원의 반지름이 높이가 된다.

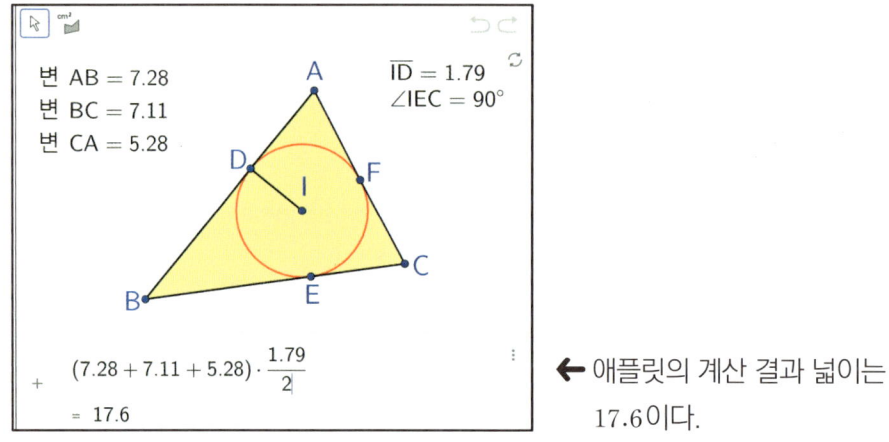

※ 측정값 대신 식(기호)로 입력해도 된다. 기호로 입력한 경우, 넓이는 17.64이다.

- 넓이 A2 = 17.6
- 거의 같음. 약간의 차이 있다.
- A1, A2 값이 소수점 아래 미세한 차가 생길 수 있다. (측정값 대신 기호로 입력한 경우에는 차이가 없음)

4-3. • 내가 만든 삼각형 : 다양한 값이 가능하다. (답 생략)

- 넓이 도구를 사용하는 경우(A1), 삼각형 3개의 합으로 넓이를 계산하는 경우(A2) 모두 애플릿에서 꼭짓점을 끌어 삼각형의 모양을 바꾸면 애플릿 화면에 즉시 값이 바뀐다.

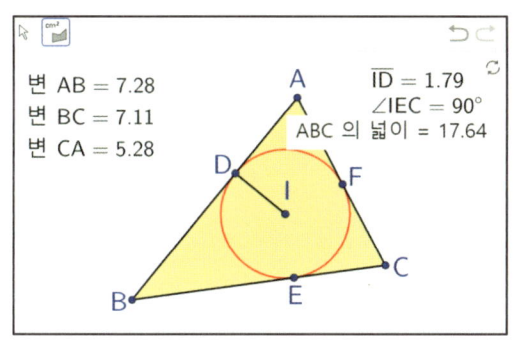 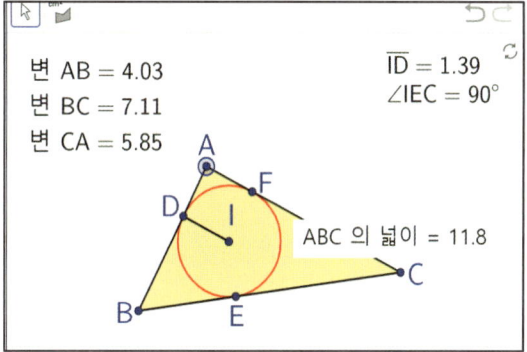

- 넓이 도구 이용: 애플릿에서 꼭짓점 A를 끌어 변형했을 때 넓이도 바뀐 화면(오른쪽)

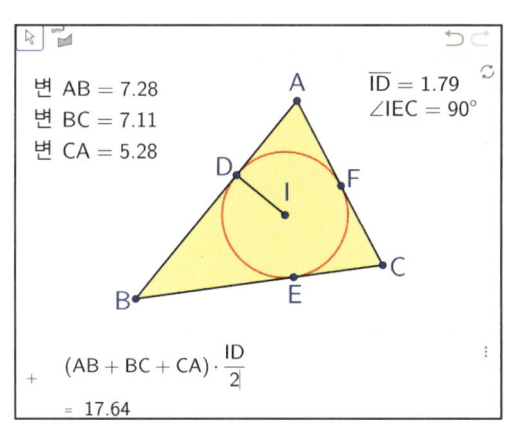 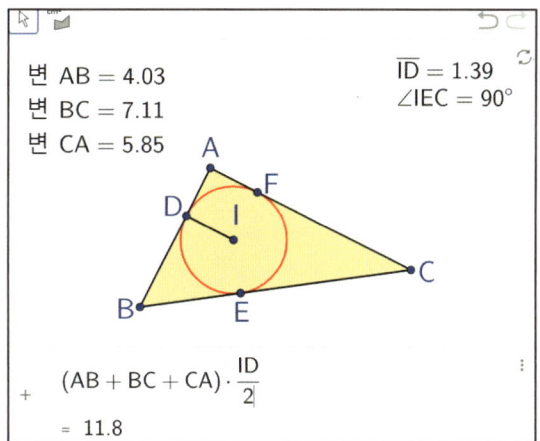

- 넓이 합으로 계산: 애플릿에서 꼭짓점 A를 끌어 변형했을 때 답도 바뀐 화면(오른쪽)

활동 5. 직각삼각형과 내접원

5-1. • 넓이 도구 사용: 13.78

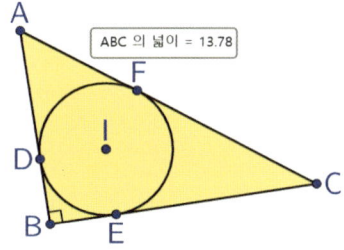

- 삼각형의 넓이 공식 사용: $\dfrac{1}{2} \times \overline{AB} \times \overline{BC} = \dfrac{1}{2} \times 4.49 \times 6.14 ≒ 13.78$

5-2. 내접원의 반지름의 길이를 x라고 하자.

세 삼각형의 합으로 삼각형 ABC의 넓이를 구하면,

$$\triangle ABC = \triangle AIB + \triangle BIC + \triangle CIA$$

$$= \frac{\overline{AB} \times x + \overline{BC} \times x + \overline{CA} \times x}{2}$$

$$= \frac{(4.49 + 6.14 + 7.61) \times x}{2}$$

$$= 9.12x \cdots ①$$

삼각형 ABC의 넓이의 측정값은 $\triangle ABC = 13.78 \cdots ②$

①, ②에서 $9.12x = 13.78$

$x = \dfrac{13.78}{9.12} ≒ 1.51$

그러므로 내접원의 반지름의 길이는 약 1.51이다.

반지름의 길이 버튼을 눌러 같은 답을 확인한다.

5-3. • 내가 만든 직각삼각형의 내접원 (답안 예시)

(그림)

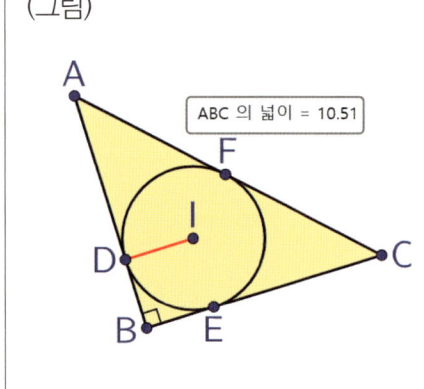

(측정값)

∠B = 90°

변 AB $\overline{AB} = 4.54$

변 BC $\overline{BC} = 4.63$

변 CA $\overline{CA} = 6.48$

풀이

내접원의 반지름의길이를 x라 할 때,
세 삼각형의 합으로 삼각형 ABC의 넓이를 구하면,

$$\triangle ABC = \triangle AIB + \triangle BIC + \triangle CIA$$

$$= \frac{\overline{AB} \times x + \overline{BC} \times x + \overline{CA} \times x}{2}$$

$$= \frac{(4.54 + 4.63 + 6.48) \times x}{2}$$

$$= 7.825x \cdots ①$$

애플릿에서 삼각형 ABC의 넓이는

$\triangle ABC = 10.51 \cdots ②$

①, ②에서 $7.825x = 10.51$

$x = \dfrac{10.51}{7.825} ≒ 1.34$

(답) 반지름의 길이는 약 1.34

12. 원형 도로

https://www.geogebra.org/m/kacmgqtd

1. 활동의 목적

- 네 점이 한 원 위에 있을 조건을 알고, 이를 활용할 수 있다.
- 한 원에서 호에 대한 원주각의 뜻을 알고, 예를 들어 설명할 수 있다.
- 한 호에 대한 원주각의 크기는 중심각의 크기의 $\frac{1}{2}$ 임을 안다.

2. 활동에 필요한 능력

- 수학: 삼각형의 외접원, 현의 수직이등분선의 성질, 추론능력
- 지오지브라: 점 끌기, 각의 측정, 원그리기
- 관찰: 점을 끌어 도형의 크기나 위치, 모양이 변할 때 변하지 않는 성질 관찰하기

3. 분류

수학영역	학년수준	ICT활용
도형	중3	학생활동도구/문제제시

4. 활동 구성

원형 도로 만들기		네 점이 같은 원 위에 있을 조건		성질 이해와 응용
• 세 점을 지나는 원 • 네 점을 지나는 원		• 끝 점이 같은 두 각 • 크기 비교 • 원주각		• 원주각과 중심각 • 관계 확인 • 관계 증명

 ◎ QR 코드를 스캔하여 지오지브라 책 『원형도로』를 연다. 이 지오지브라 책은 모두 5개의 지오지브라 활동 (활동 1. 원형 자전거도로 만들기, 활동 2. 네 점이 같은 원 위에, 활동 3. 식권판매소 세우기, 활동 4A. 원주각, 활동 4B. 원주각(계속))을 포함하고 있다.

각 지오지브라 활동에는 한 개 이상의 애플릿이 있으며 사용자는 지시에 따라 애플릿을 조작하며 활동을 수행한다.

5. 활동의 주안점

- A, B, P, Q 네 점이 같은 원 위에 있을 조건을 탐구한다.
- 네 점이 같은 원 위에 있을 조건을 이용하여 실생활 문제를 해결할 수 있게 한다.
- 탐색한 조건을 이용하여 네 점이 한 원 위에 있는지 여부를 판별한다.
- 원 위에 두 점 A, B가 있을 때, 점 C의 위치(원의 내부, 외부, 원 위)에 따른 각 ACB의 크기 변화를 관찰한다.

6. 활동 내용

활동 1A. 원형 자전거도로 만들기

1. 이슬이가 사는 도시에 원형 자전거도로를 건설하려고 합니다.

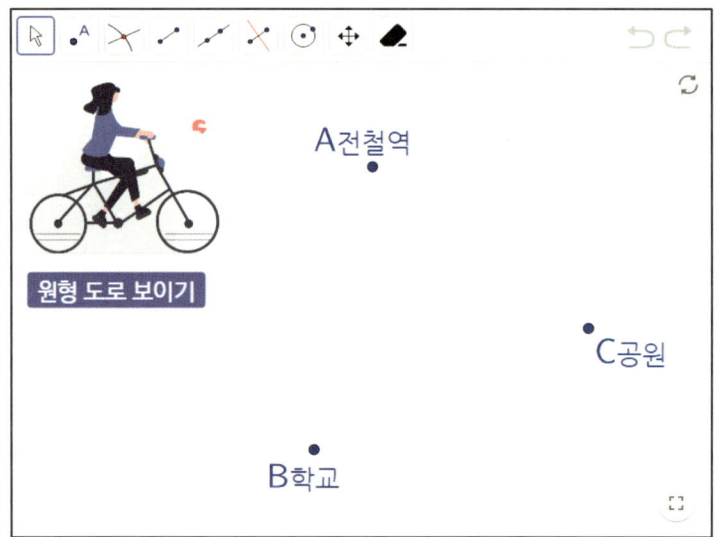

1-1. 애플릿에서 A, B, C 세 곳을 지나는 원형 자전거도로를 건설할 수 있습니까?
가능하다면 애플릿에서 원을 작도해보세요.

• 서로 다른 세 곳을 지나는 원은 항상 존재합니까? 왜 그렇게 생각합니까?

_____

_____

1-2. 이슬이네 도시에 A전철역, B학교, C공원, D도서관 모두를 지나는 원형 자전거도로를 건설할 수 있을까요? 애플릿 화면에 있는 버튼으로 세 지점을 지나는 원형도로를 볼 수 있습니다.

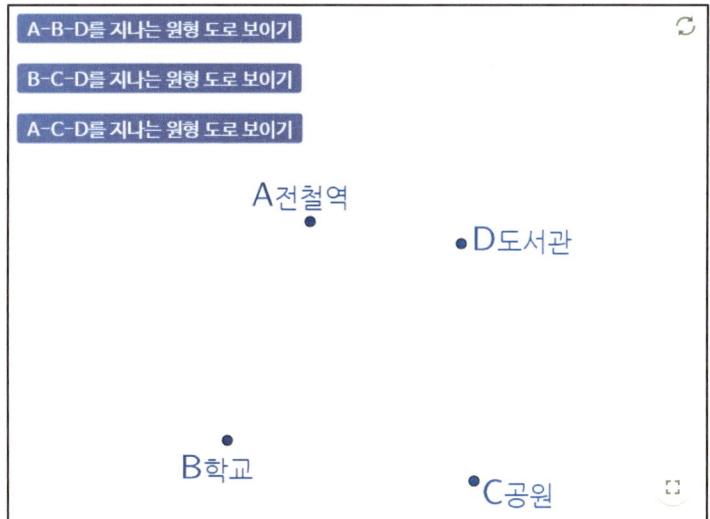

• 당신의 답은 무엇입니까?

_____

_____

• 만일 답이 '그렇다'이면, 서로 다른 네 지점을 지나는 원이 항상 존재합니까?

_____

_____

_____

활동 2. 네 점이 같은 원 위에

2. 애플릿에 점 A, B, Q를 지나는 원과 한 점 P가 있습니다. 그리고 화면에 각 APB와 각 AQB의 크기가 나타나 있습니다.

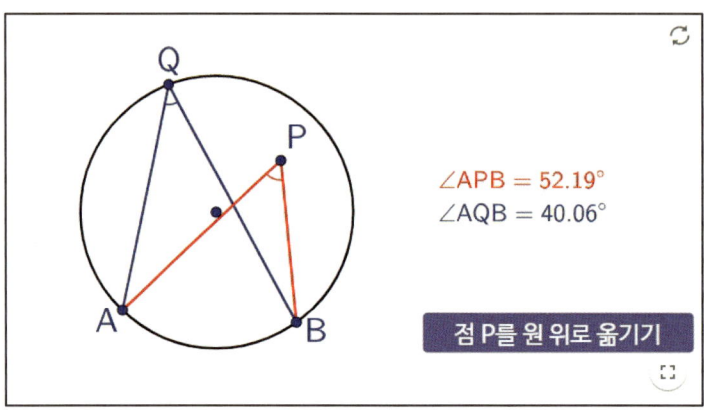

2-1. 다음 물음에 답하세요.

- 애플릿에서 원 위의 점 Q를 끌어 위치를 바꿔보세요. 점 Q의 위치에 따라 각 AQB의 크기가 변하는지 관찰해보세요. 점 Q의 위치와 각 AQB의 크기에 관하여 발견한 사실을 써보세요.

- 점 A 또는 점 B를 끌어 위치를 바꿔보세요. 각 AQB의 크기가 변합니까?

2-2. 점 P를 끌어 원 위, 원의 내부 또는 외부에 놓이도록 위치를 바꾸어보면서 각 APB의 크기를 관찰해보세요. 점 P를 원 위로 옮기기 버튼을 누르면 점 P를 가장 가까운 원 위의 점으로 옮길 수 있습니다. 점 P의 위치에 따라 각 AQB와 각 APB의 크기를 비교하고 발견한 바를 쓰세요.

2-3. 네 점 A, Q, P, B가 한 원 위에 있는 경우 어떤 성질이 성립하는지 써보세요.

활동 3. 식권판매소 세우기

3. 애플릿의 그림에는 예봄이가 자주 가는 공원에 A제과점, B떡볶이가게, C햄버거가게, D아이스크림가게, E치킨집의 위치가 표시되어 있습니다.

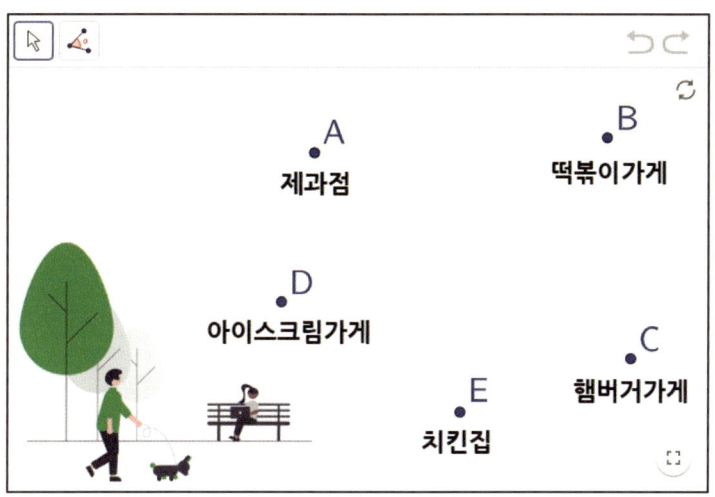

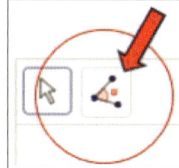
■ 애플릿 화면 왼쪽 상단에 있는 각 도구를 선택하면 각을 측정할 수 있습니다. 예를 들어 각 도구 선택 후 세 점을 P, Q, R을 차례로 선택하면 ∠PQR의 크기가 꼭짓점 Q 부근에 표시됩니다.

3-1. 애플릿의 도구를 사용하여 가게 A, B, C, D까지의 거리가 각각 같아지도록 식권판매소를 만들 수 있는지 생각해보세요. 그렇게 판단한 근거를 써보세요.

3-2. 애플릿의 도구를 사용하여 가게 A, B, C, E까지의 거리가 각각 같아지도록 식권판매소를 만들 수 있는지 생각해보세요. 그렇게 판단한 근거를 써보세요.

활동 4A. 원주각

4. 두 점 A, B는 한 원 위에 있고, 점 Q는 임의의 점입니다.

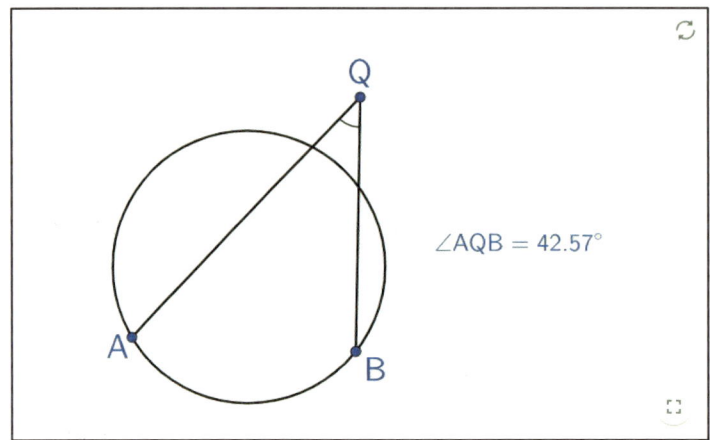

4-1. 점 Q를 끌어 위치를 바꾸면서 각 AQB의 크기를 관찰해보세요. 점 Q의 위치와 ∠AQB의 크기와의 관계에 대하여 발견한 사실은 무엇입니까?

___

___

4-2. 애플릿에서 세 점 A, B, P는 같은 원 위에 있습니다.

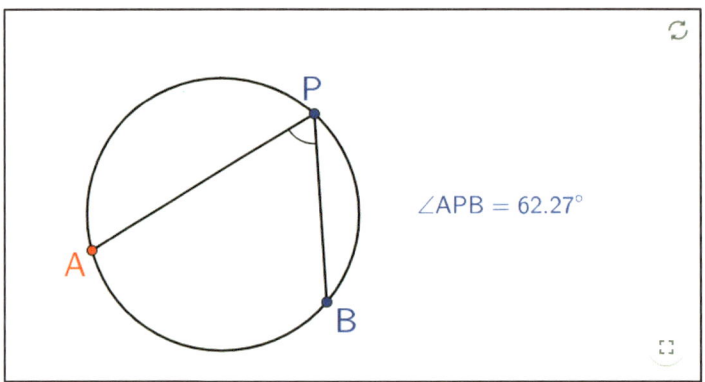

- 애플릿에서 점 A를 움직이면서 각 APB의 크기를 관찰하세요. 발견한 사실은 무엇입니까?

- 점 P가 움직이면서 각 APB의 크기를 관찰하세요. 발견한 사실은 무엇입니까?

___

활동 4B. 원주각 (계속)

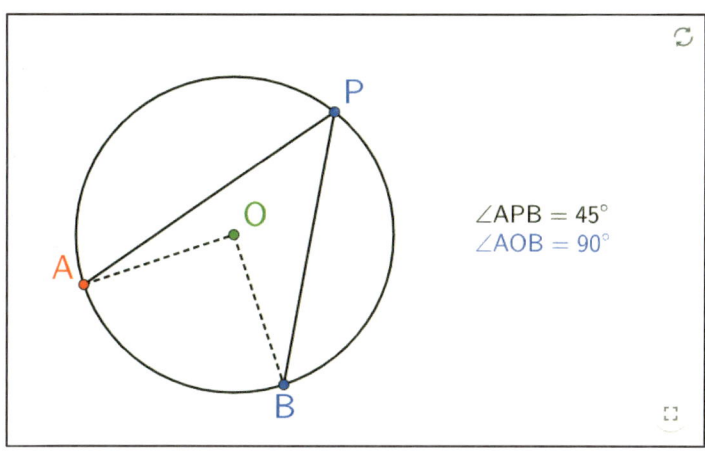

4-3. 다음 물음에 답하세요.

- 애플릿에서 점 A를 끌어 각 APB의 크기가 90°가 되게 할 때 각 AOB의 크기는 얼마입니까? 두 각의 관계를 말해봅시다.

각 APB의 크기	각 AOB의 크기
90°	

- 애플릿에서 점 A를 끌어 각 APB의 크기가 50°되게 할 때, 각 AOB의 크기는 얼마입니까? 두 각의 관계를 말해봅시다.

각 APB의 크기	각 AOB의 크기
50°	

4-4. 점 A를 끌어 움직이면서, 각 APB와 각 AOB의 관계를 추측하고, 그것이 항상 성립하는지 확인해보세요.

용어 | 원주각과 중심각

■ 원주각
원 O에서 호 AB 위에 있지 않은 원 위의 한 점을 P라고 할 때, 각 APB를 호 AB에 대한 원주각이라고 한다.

■ 중심각
두 반지름 OA, OB가 이루는 각 AOB를 호 AB에 대한 중심각이라고 한다.

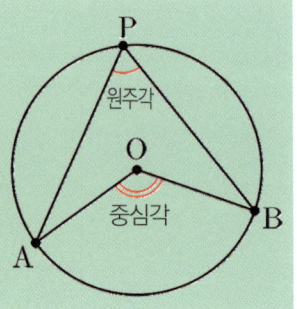

4.5. 점 O와 A를 움직이면 원의 크기와 호의 길이가 변합니다. 원의 크기와 호의 크기를 변화시켜도 4-4에서 발견한 관계가 성립하는지 확인해보세요. 같은 호에 대한 원주각과 중심각 사이의 관계를 써보세요.

4-6. [심화문제]

한 원 또는 크기가 같은 원에서 같은 호에 대한 원주각의 크기는 중심각의 크기의 $\frac{1}{2}$이다.

이러한 관계가 성립하는 이유를 설명해보세요.

■ 3가지 경우로 나누어 증명해보자.

7. 활동의 답

활동 1. 원형 자전거도로 만들기

1-1. 건설할 수 있다.

이유는 세 점을 지나는 원(삼각형의 외접원)은 항상 존재하기 때문이다.

[원형 도로 작도방법] 두 현의 수직이등분선의 교점을 중심으로 하고 A, B, C 중 한 점을 원 위의 점으로 하는 원으로 작도할 수 있다.

①선분 BC 작도: [✎ ,두 점(B, C) 클릭] ➪②수직이등분선 작도 [✕ , 선분 BC 클릭] ➪ ③마찬가지로 선분 AC의 수직이등분선 작도.➪ ④교점 작도 [✕ , 두 직선] ➪ ⑤ 원 작도 [⊙ , 중심, 한 점]

[원형 도로 그리는 방법] 현의 수직이등분선은 원의 중심을 지난다는 사실을 이용하여 중심과 반지름을 구한다.

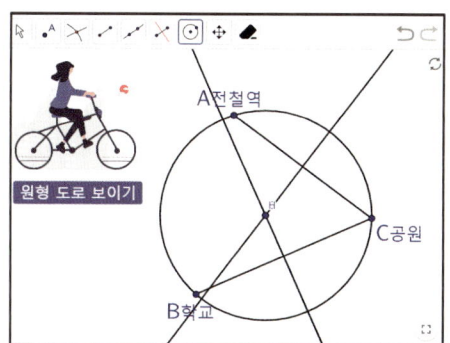 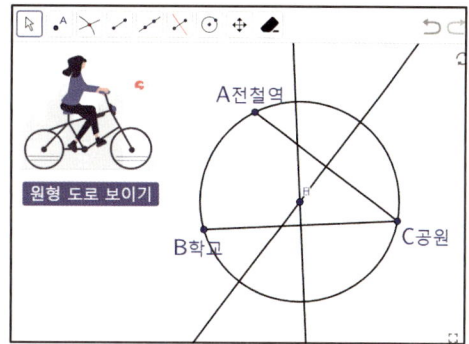

※ 작도 후 한 점 B를 끌어 위치를 변경하면 원이 달라진다.

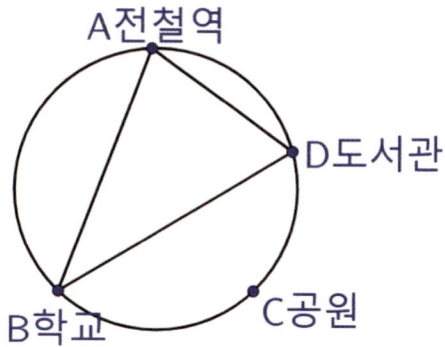

12. 원형 도로

1-2. 있다. 이유는 A, B, D를 지나는 원을 그리면 점 C가 그 원 위에 있게 된다. (다른 세 점을 지나는 원을 그려도 나머지 한 점이 그 원 위에 있음을 확인 할 수 있다.) 그러므로 A, B, C, D 네 곳을 지나는 원형도로를 건설할 수 있다.

[요약] 서로 다른 네 점이 항상 한 원 위에 있는 것은 아니다. 세 점을 지나는 원이 항상 한 개로 유일하게 정해지기 때문에, 네 점이 한 원에 있으려면 네 번째 점이 이미 그려진 원 위에 있어야 한다.

활동 2. 네 점이 같은 원 위에

2-1. • 점 Q의 위치가 바뀌어도 각 AQB와 크기는 변하지 않는다.
- • – 점 A 또는 B의 위치를 바꾸면 각 AQB의 크기가 변한다.
  - – 호 AB의 길이가 길수록 각 AQB의 크기가 커진다.
  - – 점 Q의 위치가 바뀌어도 각 AQB와 크기는 변하지 않는다.

2-2. – 점 P가 원의 내부에 있을 때: 각 APB는 40.06°보다 큰 값을 가진다.
- – 점 P가 원 위에 있을 때: ∠APB = 40.06°(일정)
- – 점 P가 원의 외부에 있을 때: 각 APB의 크기는 40.06°보다 작은 값을 가진다.
- – 점 P가 원이 내부에 있을 때 각 APB의 크기는 40.06°보다 크다.
- – 점 P가 중심에 가까워질수록 각 APB의 크기가 점점 커지고, 외부로 멀어 갈수록 각 APB의 크기는 점차 작아진다.

2-3. 원 위의 네 점에 대하여 두 점 P, Q가 직선 AB에 대하여 같은 쪽에 있으면 ∠APB = ∠AQB 이다. (∠APB = ∠AQB이면 세 점 A, B, Q를 지나는 원 위에 점 P가 있다.)

활동 3. 식권판매소 세우기

3-1. 거리가 각각 같아지는 곳에 식권판매소를 세우려면 식권판매소를 원의 중심으로 하고 식권판매소에서 가게까지의 거리를 반지름으로 하는 원을 그릴 수 있어야 한다. 이때, 네 점 A, B, C, D가 한 원 위에 있을 조건이 만족하는지 확인하면 된다.

[각의 측정] 앱화면 왼쪽 상단에 있는 각 도구를 이용하여 각을 측정한다. 아래와 같이 앱화면에 나타난 측정값은 ∠BCA = ∠BDA = 50.65°이므로(앱화면에서 각의 변–점선은 나타나지 않는다), 가게 A, B, C, D까지 네 점은 한 원 위에 있다. 그러므로 이 네 점까지 거리가 같아지도록 하는 식권판매소를 이 점들을 지나는 원의 중심에 만들 수 있다.

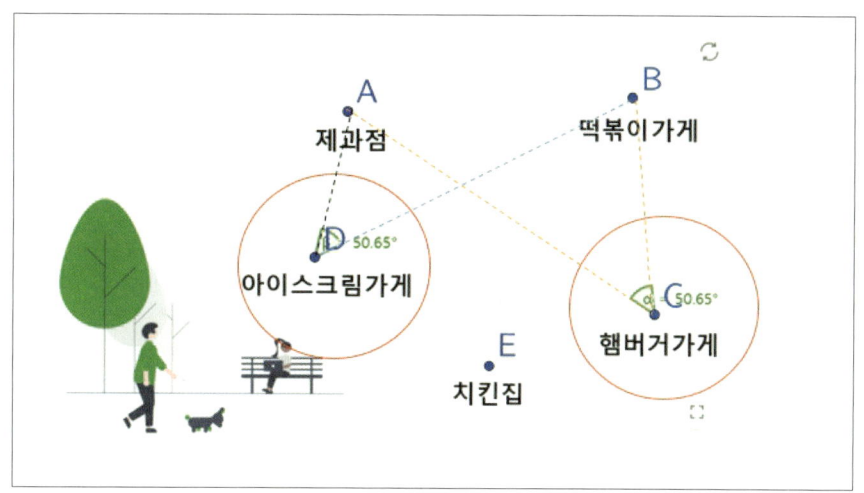

각의 측정 화면

3-2. 네 점 A, B, C, E에 이르는 거리가 같은 점을 찾을 수 있는지 여부를 묻는 문제이다. 즉 네 점이 같은 원 위에 있을 수 있는가에 답을 해야 한다. 같은 방법으로 앱화면에서 각을 측정해보면 ∠BCA = 50.65°, ∠BEA = 57.2°이다. 즉 ∠BCA ≠ ∠BEA이므로 A, B, C, E는 같은 원 위에 있는 점이 아니다. 그러므로 가게 A, B, C, E까지의 거리가 각각 같아지도록 식권판매소를 만들 수 없다.

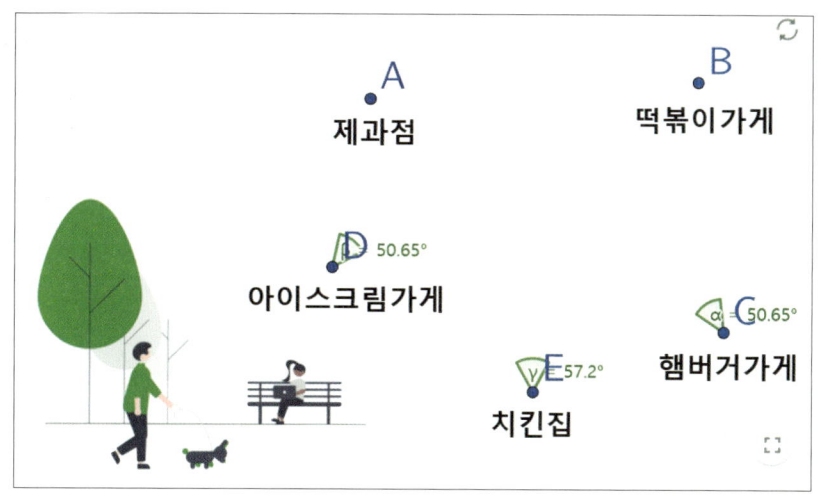

각의 측정 화면

12. 원형 도로   175

활동 4A/4B. 원주각

4-1. 점 Q가 직선 AB에 대하여 같은 쪽에서 움직일 때, 각 AQB의 크기는 점 Q가 원의 내부, 원 위, 외부에 있는 경우 순서대로 크다.

4-2. (i) 호 AB의 길이가 변하면 각 APB의 크기도 변한다. 호 AB의 길이가 길수록 각 APB의 크기도 크다.

(ii) 점 P가 원주 위에 있는 경우에 각 APB의 크기는 일정하다.

> • 참고: 각의 크기가 변하지 않으므로 학생들은 프로그램상의 오류가 있는 것으로 생각할 수 있다. 이런 경우에 선분 AP, BP의 길이를 함께 측정하도록 하면 선분 AP, BP의 길이는 변하는데 각의 크기가 불변인 것을 효과적으로 관찰할 수 있을 것이다.

4-3. (i) 180° (ii) 100°

(iii) 발견한 사실: 각 APB의 크기는 각 AOB의 크기의 반이다.

4-4. 각 APB의 크기는 각 AOB의 크기의 반이다.

4-5. • 호와 원의 크기를 바꾸어도 같은 관계가 성립한다.
  • 같은 호에 대한 원주각의 크기는 항상 중심각의 크기의 반이다.

4-6. [심화문제]

[Case 1] 중심 O가 각 APB의 변 위에 있는 경우

삼각형 AOP는 이등변 삼각형이므로

∠PAO = ∠APO

그런데 각 AOB는 각 AOP의 외각이므로

∠AOB = ∠PAO + ∠APO = 2∠APO

∴ ∠AOB = 2∠APO

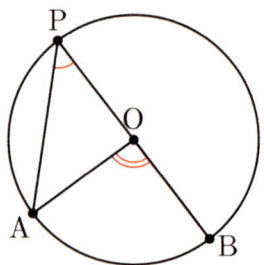

[Case 2] 중심 O가 각 APB의 내부에 있는 경우

오른쪽 그림과 같이 점 P를 지나는 지름 PD를 그으면,

[1]의 경우와 마찬가지로

∠AOD = 2∠APO … ①

∠BOD = 2∠BPO … ②

①, ②에서

∠AOB = ∠AOD + ∠BOD
   = 2∠APO + 2∠BPO
   = 2(∠APO + ∠BPO)
   = 2∠APB

∴ ∠AOB = 2∠APB

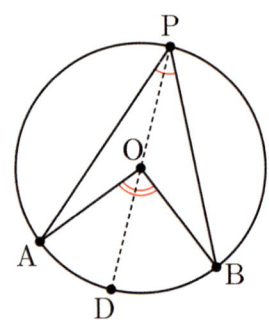

[Case 3] 중심 O가 각 APB의 외부에 있는 경우
오른쪽 그림과 같이 점 P를 지나는 지름 PD를 그으면,
[1]의 경우와 마찬가지로

∠AOD = 2∠APO ⋯ ①

∠BOD = 2∠BPO ⋯ ②

①, ②에서

∠AOB = ∠BOD − ∠AOD
      = 2∠BPO − 2∠APO
      = 2(∠BPO − ∠APO)
      = 2∠APB

∴ ∠AOB = 2∠APB

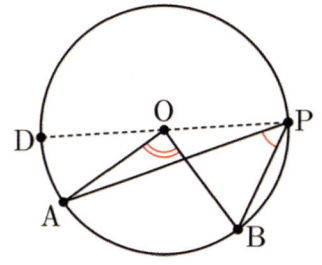

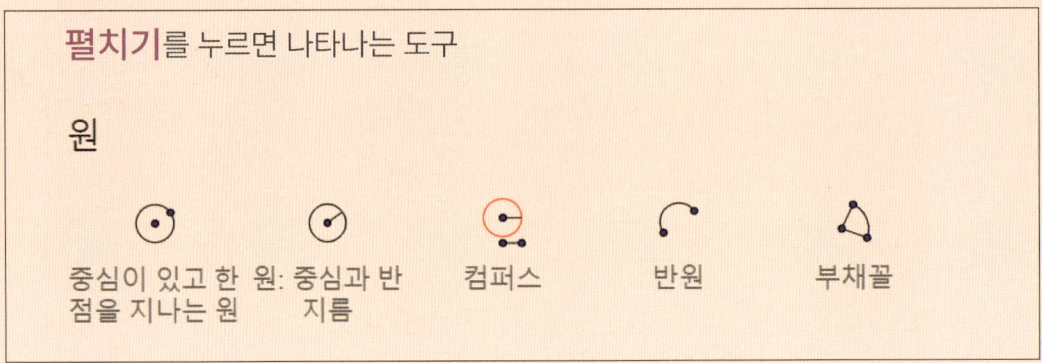

※ 앱에서 도구를 선택하면 사용 방법이 화면에 문장으로 나타난다.

13. 원과 만나는 두 직선

https://www.geogebra.org/m/ddtnhsqc

1. 활동의 목적

- 한 원과 만나는 두 직선과 관련하여 선분의 길이 사이의 관계를 탐구한다.
- 한 원에서 할선과 접선 사이의 관계를 탐구한다.

2. 활동에 필요한 능력과 지식

- 수학: 삼각형의 닮음 조건, 현, 할선
- 지오지브라: 점 끌기, 거리측정, 원그리기
- 관찰: 점을 끌어 도형의 크기나 위치, 모양이 변할 때 변하지 않는 성질 관찰하기

3. 분류

수학영역	학년수준	ICT활용 수준
도형	중3	학생활동도구/문제제시

4. 활동 구성

원과 만나는 두 직선		관계 이해		응용과 확장
• 두 현이 교차 • 두 현의 연장선 교차 • 관계 찾기 　(추측과 확인)		• 길이관계 통합 이해 • 관계식 확인 • 타당성 검증		• 접선과 할선 • 성질 확인 • 타당성 검증

 ◎ QR 코드를 스캔하여 지오지브라 책 『원과 만나는 두 직선』를 연다. 이 지오지브라 책은 모두 5개의 지오지브라 활동 (활동 1A. 원과 만나는 두 직선, 활동 2. 원과 만나는 두 직선(관계보기), 활동 2A. 원과 비례, 활동 2B. 원과 비례, 활동 5. 할선과 접선)을 포함하고 있다.

각 지오지브라 활동에는 한 개 이상의 애플릿이 있으며 사용자는 지시에 따라 애플릿을 조작하며 활동을 수행한다.

5. 활동의 주안점

- 애플릿에서 원의 두 현의 길이 사이의 관계를 탐구한다.
- 애플릿에서 두 현이 원의 내부 또는 외부에서 교차할 때 두 선분의 길이 관계를 탐구한다

6. 활동 내용

활동1A. 원과 만나는 두 직선

1. 점 A, B, C, D는 원 위의 점이고, 점 P는 선분 AB와 선분 CD의 교점입니다.

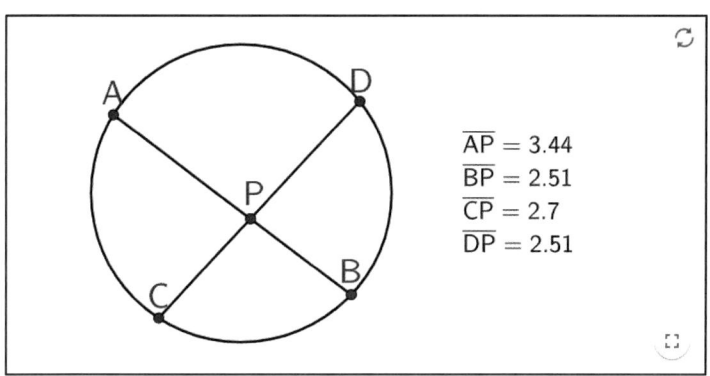

■ (용어) 현: 원 위의 두 점을 양 끝점으로 하는 선분

1-1. 애플릿 화면에서 점 A를 움직여 선분의 길이를 읽어 표를 채우세요.

$\overline{AP}$	$\overline{BP}$	$\overline{CP}$	$\overline{DP}$
2.27	3.34	4.08	3.34

원 위의 다른 점을 움직이면서 선분의 길이의 변화를 관찰해보고, 길이 사이의 관계를 추측해 보세요.

활동 1B. 원과 만나는 두 직선(2) – 관계보기

1-2. 애플릿에서 네 점을 끌어 위치를 바꾸면서 길이의 측정값을 관찰하여 보고, 선분 AP, BP, CP, DP의 길이 사이의 관계를 추측해보세요.

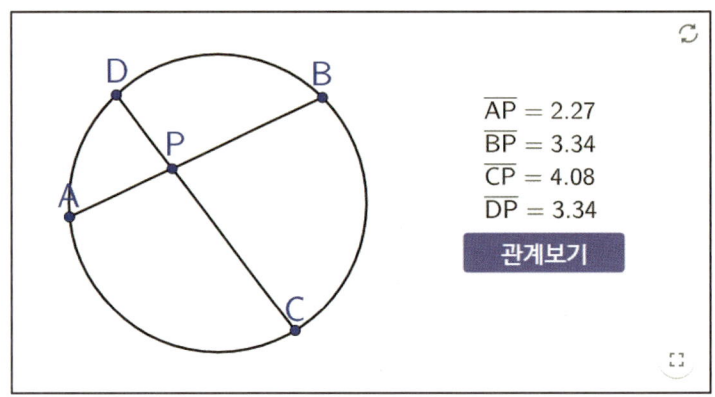

- 애플릿에서 관계보기 버튼을 눌러 앞에서 추측한 것을 확인해보세요.
  선분 AP, BP, CP, DP 사이에 발견한 관계를 식으로 써보세요.

1-3. 애플릿에서 점 D를 점 B와 점 C 사이에 놓이도록 끌어보세요. 이 경우 두 선분 AB와 CD의 연장선의 교점 P는 원밖에 놓이게 됩니다. 점 P가 원 밖에 놓이도록 점 B, D를 움직여 보고, 이 때도 앞에서 발견한 관계가 그대로 성립합니까?

1-4. 다음 그림에 위에서 발견한 관계를 각각 식으로 표현해 보세요.

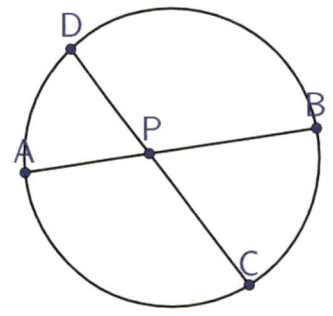 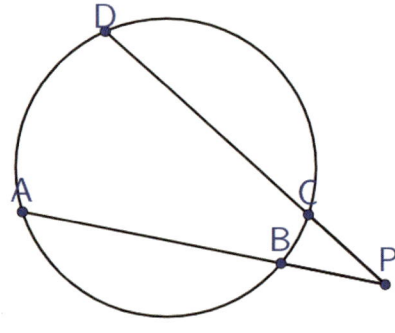

식: _____   식: _____

활동 2A. 원과 비례

2. 애플릿에 한 원 위에 네 점 A, B, C, D가 있고 점 P는 선분 AB와 선분 CD의 교점입니다. 그리고 두 삼각형 APC와 DPB는 닮음입니다.

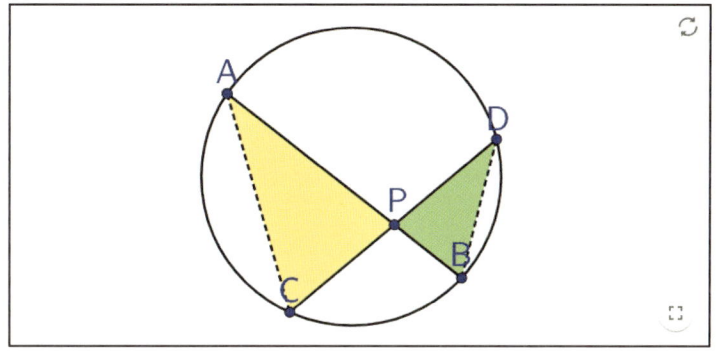

2-1. 두 삼각형 APC와 DPB가 닮음인 이유를 써보세요.

___

2-2. 닮음의 성질을 이용하여 선분 AP, BP, CP, DP 사이의 관계식을 써보세요.

___

활동 2B. 원과 비례 (계속)

2-3. 애플릿에 원 위에 네 점 A, B, C, D가 있고 점 P는 선분 AB의 연장선과 선분 CD의 연장선의 교점입니다. 이 때 두 삼각형 PAC, PDB가 닮음입니다.

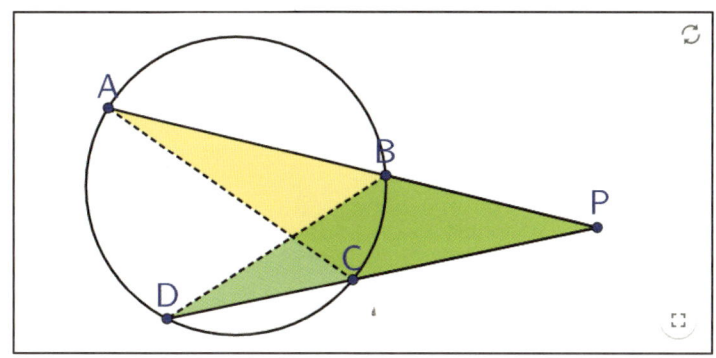

- 두 삼각형이 닮음인 이유를 써보세요.

_____

_____

_____

- 닮음의 성질을 이용하여 선분 AP, BP, CP, DP 사이의 관계식을 찾아 써보세요.

_____

_____

(Moving Up) 원에 내접하는 사각형 ABCD에 대하여, ∠B = ∠ACP임을 증명해보자.

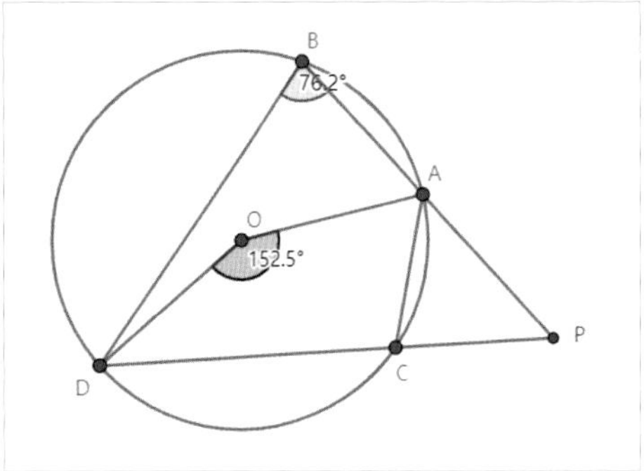

(증명)

2-4. 애플릿에서 두 점 A와 B를 끌어 위치를 바꾸어 얻은 그림입니다.

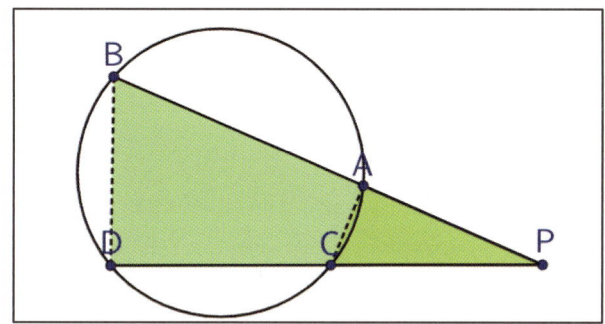

- 이 때도 두 삼각형 PAC, PDB가 닮음입니까? 그 이유를 써보세요.

- 닮음의 성질을 이용하여 선분 AP, BP, CP, DP 사이의 관계식을 찾아보세요.

활동 3. 할선과 접선

3. 애플릿에서 직선 PT는 원의 접선, 직선 PB는 원의 할선입니다.

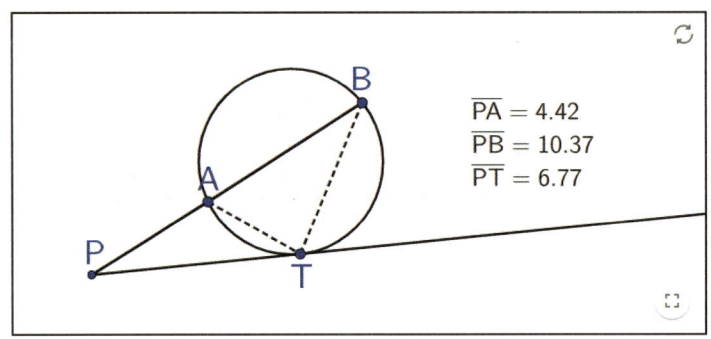

3-1. 애플릿 그림에서 닮음인 두 삼각형을 찾고 그 이유를 설명해보세요.

3-2. 닮음인 성질을 이용하여 선분 PA, PB, PT 사이의 관계식을 찾아보세요.

7. 활동의 답

활동 1A/1B. 원과 만나는 두 직선

1-1. 애플릿 화면 왼쪽의 측정값을 기록한 후 관계를 추측하게 한다. 합이 같은가? 차가 같은가? 한 값의 변화가 다른 것에 어떻게 영향을 미치는가? 곱이 같은가? 등의 질문으로 관계를 추측하게 한다.

1-2. $\overline{PA} \times \overline{PB} = \overline{PC} \times \overline{PD}$

1-3. 예

1-4.

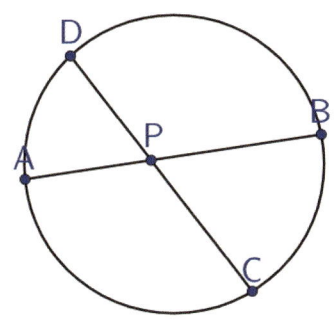 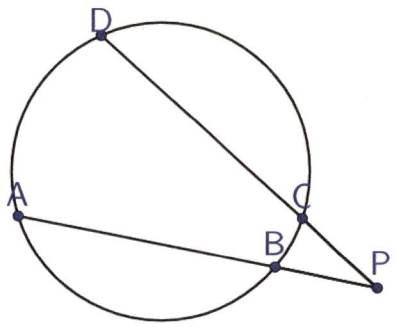

식: $\overline{PA} \times \overline{PB} = \overline{PC} \times \overline{PD}$ 식: $\overline{PA} \times \overline{PB} = \overline{PC} \times \overline{PD}$

활동 2A/2B. 원과 비례

2-1. 오른쪽 그림과 같이 원 O의 두 현 AB, CD가 만나는 점을 P라 하고 할 때,
두 삼각형 PAC와 PDB에서
∠PAC = ∠PDB (원주각)
∠APC = ∠DPB (맞꼭지각)
∴ △PAC∽△PDB

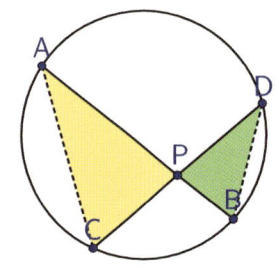

2-2. △PAC∽△PDB이므로 $\overline{PA} : \overline{PD} = \overline{PC} : \overline{PB}$ 이다.
곧, $\overline{PA} \times \overline{PB} = \overline{PC} \times \overline{PD}$

2-3. • 오른쪽 그림과 같이 원 O의 두 현 AB, CD의 연장선의
교점을 P라 하고 할 때,
두 삼각형 PAC와 PDB에서
∠PAC = ∠PDB (원주각)
∠APC = ∠DPB (공통)
∴ △PAC∽△PDB

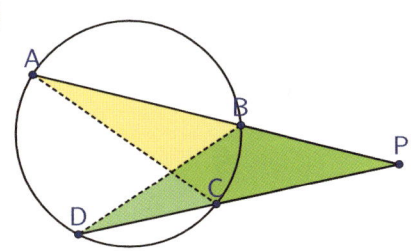

• △PAC∽△PDB이므로

13. 원과 만나는 두 직선

$\overline{PA} : \overline{PD} = \overline{PC} : \overline{PB}$ 이다.

곧, $\overline{PA} \times \overline{PB} = \overline{PC} \times \overline{PD}$

2-4. • 오른쪽 그림과 같이 원 O의 두 현 AB, CD의 연장선의 교점을 P라 하고 할 때,
두 삼각형 PAC와 PDB에서
∠PAC = ∠PDB (원주각)
∠APC = ∠DPB (공통)
∴ △PAC∽△PDB

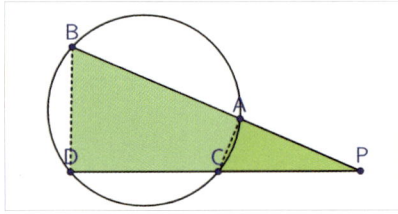

활동 3. 할선과 접선

3-1. △BPT ∽ △TPA (AA닮음)

3-2. $\overline{BP} : \overline{TP} = \overline{PT} : \overline{PA}$. 그러므로 $\overline{PT}^2 = \overline{PA} \times \overline{PB}$

14. 문제해결: 가장 가까운 길

https://www.geogebra.org/m/pwwcevxh

1. 활동의 목적

- 서로 다른 두 점에서 한 직선 위의 점에 이르는 최단경로를 애플릿에서 점을 끌어 탐색한다.
- 선대칭의 성질을 이해하고, 한 점에서 직선 위의 점을 거쳐 같은 쪽으로 되돌아오는 최단 경로를 작도할 수 있다.
- 한 점에서 두 개의 직선 위의 점을 하나씩 지나 또 다른 점선에 이르는 최단 경로를 탐색한다.
- 서로 만나는 두 직선이 연속적으로 관련된 선대칭 도형의 성질을 탐색한다.

2. 분류

수학영역	학년수준	ICT역할
도형	중 3	탐색/문제해결

3. 활동 구성

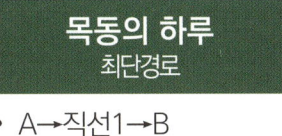

◎ QR 코드를 스캔하여 지오지브라 책 『문제해결: 가장 가까운 길』을 연다. 이 지오지브라 책은 모두 2개의 지오지브라 활동 (활동 1. 목동의 하루, 활동 2. 심부름)을 포함하고 있다.

각 지오지브라 활동에는 한 개 이상의 애플릿이 있으며 사용자는 지시에 따라 애플릿을 조작하며 활동을 수행한다.

4. 활동의 주안점

- 애플릿에서 점을 끌어 최단 경로를 추측할 수 있게 하고, 최단 경로를 선대칭 이동과 관련하여 설명할 수 있게 한다.
- 빛의 경로가 최단 경로임을 알고 선대칭이동을 이해하게 한다.

5. 활동 내용

활동 1. 목동의 하루

1. 목동이 아침에 집에서 출발하여 목장으로 가려고 합니다. 집과 목장은 강의 한 쪽 편에 있는데 목동은 가는 길에 강물에서 양동이를 잘 씻어서 가지고 가려고 합니다.

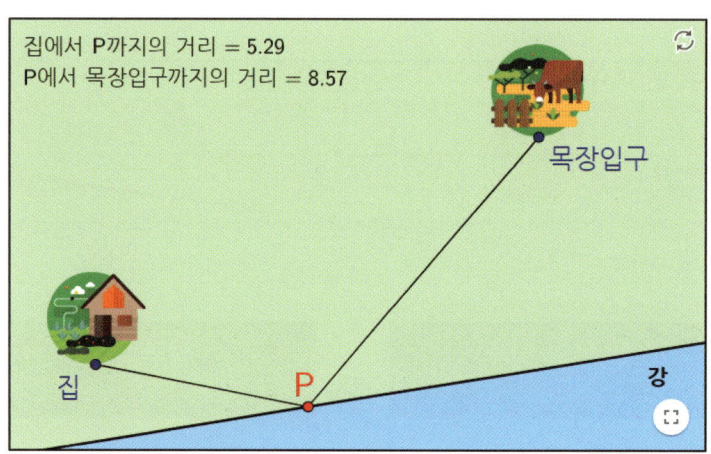

1-1. 걷는 거리가 최소가 되게 하려면 목동은 강의 어느 지점을 거쳐 가야 할까요? 애플릿에서 점 P를 움직여 적절한 위치를 찾아보세요. 이때 목동이 걷는 거리는 애플릿에서 얼마입니까?

1-2. 아래 그림에서 집을 H, 목장을 R이라 할 때, 걷는 거리가 최소가 되게 하는 점 P의 위치를 정확하게 찾는 작도 방법을 설명하고, 점 P를 지필로 작도하세요.

• 점 P의 작도방법

• 작도하기

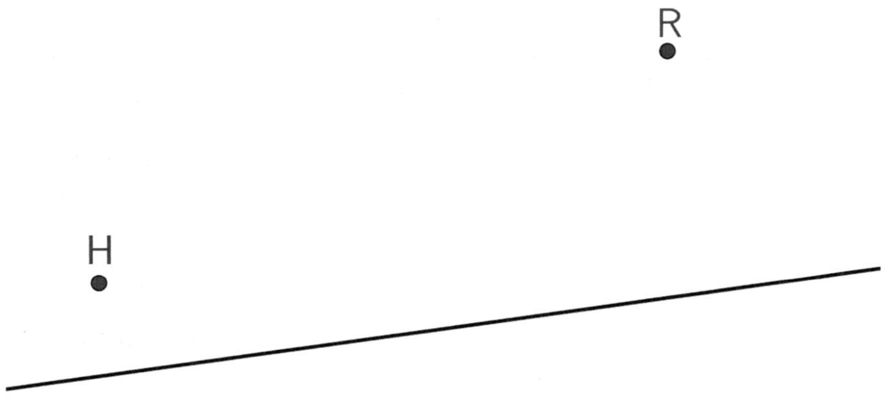

1-3. 그때 $\overline{HP} + \overline{PR}$ 이 최소가 되는 이유를 써보세요.

활동 2. 심부름

2. 진영이네 동네는 들판에 있어서 어느 곳으로나 다닐 수 있습니다. 어느 날 진영이는 사과나무 과수원을 하시는 아주머니 댁에 놀러 갔습니다. 아주머니네 과수원은 길을 따라 있고 길의 어느 지점에서나 사과를 딸 수 있습니다.

2-1. 아주머니는 집으로 돌아가는 길에 과수원에 들러 사과를 따가라고 하셨습니다. 진영이가 걷는 거리를 최소로 하려면 과수원길 어느 지점에서 사과를 따야 하는지, 아래 애플릿에서 점을 끌어 P의 위치를 찾아보세요.

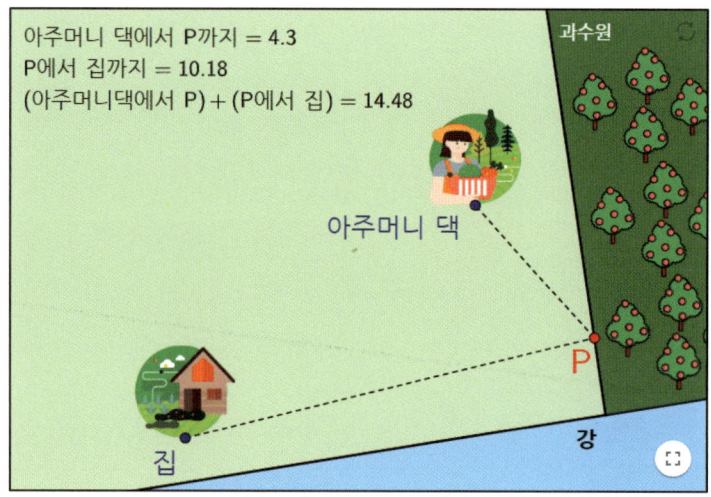

- 걷는 거리가 최소일 때, 진영이가 걸은 거리는 애플릿에서 얼마입니까?

• 점 P의 위치를 정확히 찾는 방법을 설명하고, 점 P를 지필로 작도해보세요.

점 P의 작도 방법:

_____

_____

_____

작도하기

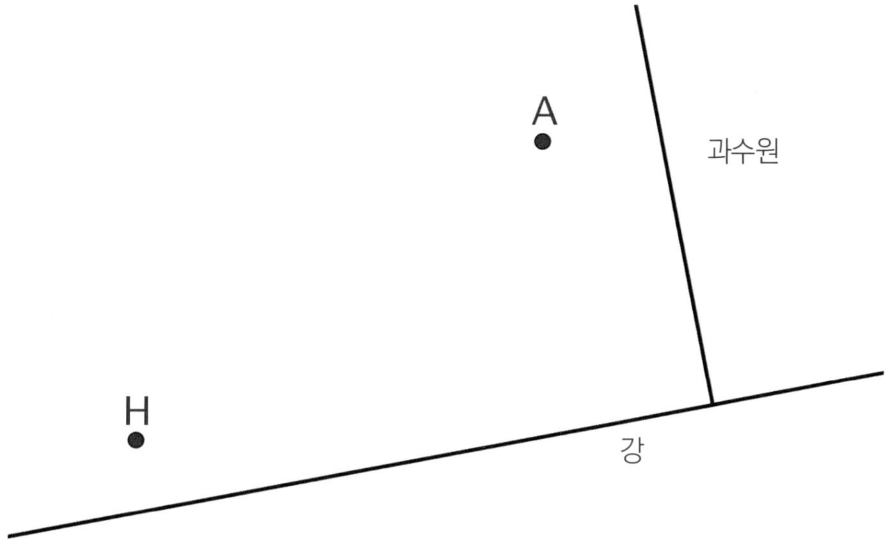

A

과수원

H

강

2-2. 그때 $\overline{AP} + \overline{PH}$ 값이 최소가 되는 이유를 설명하세요.

_____

_____

2-3. 진영이가 아주머니 댁을 나서려는데 어머니께서 전화를 하셨습니다. "돌아오는 길에 강에 물이 얼마나 불었는지 강둑까지 가서 보고 오라"고 하셨습니다.

과수원과 강에 차례로 들렀다가 집으로 가는 동안 걷는 거리를 최소로 하려면 진영이가 사과를 따야 하는 지점 P와 강둑에 들르는 지점 Q의 각각의 위치를 애플리에서 점을 끌어 찾아보세요. 그때 진영이가 걷는 거리는 아래 애플릿에서 화면에서 얼마입니까?

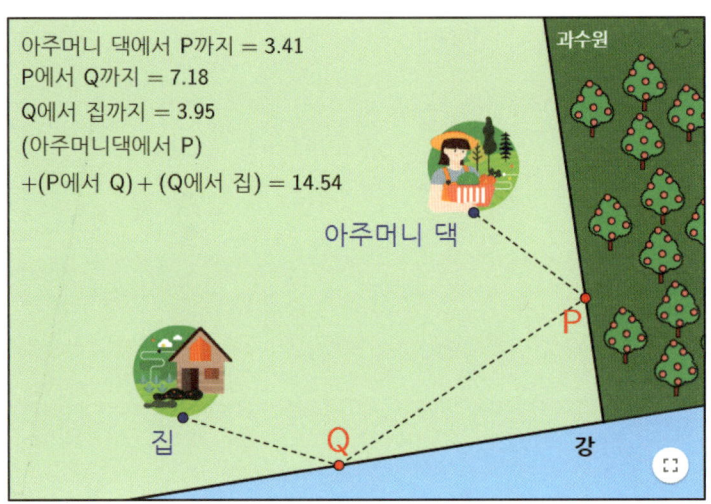

- 걷는 거리를 최소로 하는 과수원 길 위의 점 P, 강둑 위의 점 Q를 찾는 방법을 각각 설명하고, 점 P와 Q를 작도하세요.

점 P/점 Q의 작도 방법:

_____

_____

_____

작도하기:

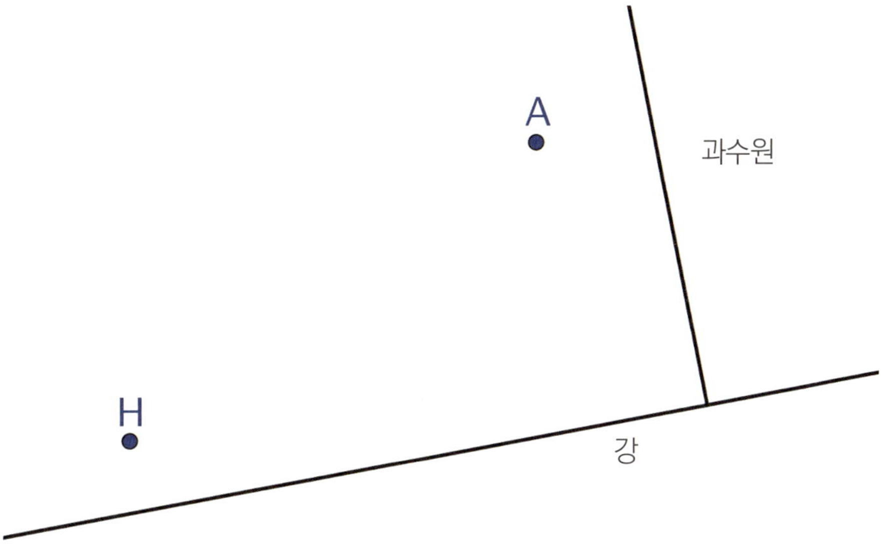

2-4. 그때 $\overline{AP} + \overline{PQ} + \overline{QH}$ 값이 최소가 되는 이유를 설명해보세요.

_____

_____

_____

14. 문제해결: 가장 가까운 길

2-5. [Moving UP] 이 문제를 해결하는 데 명확하게 제시되지 않은 조건은 무엇입니까? 어떤 조건이 붙으면 답이 달라질 수 있는지 생각을 말해 봅시다.

6. 활동의 답

활동 1. 목동의 하루

1-1. 애플릿 화면에서 목동이 걷는 거리는 약 13이다. P를 움직여 최소거리를 찾기 때문에, 약간의 오차가 있을 수 있다.

1-2. • P의 작도 방법:

① 강을 대칭축으로 설정하고 점 H를 선대칭이동한 점을 H′이라 한다.

② H′과 R을 연결한 선분과 강과 만나는 점이 조건을 만족하는 점 P이다.

(또는 ① H 대신 R의 선대칭점 R′을 찾은 후, 선분 HR′과 직선의 교점을 P로 하여도 무방함.)

• 작도하기

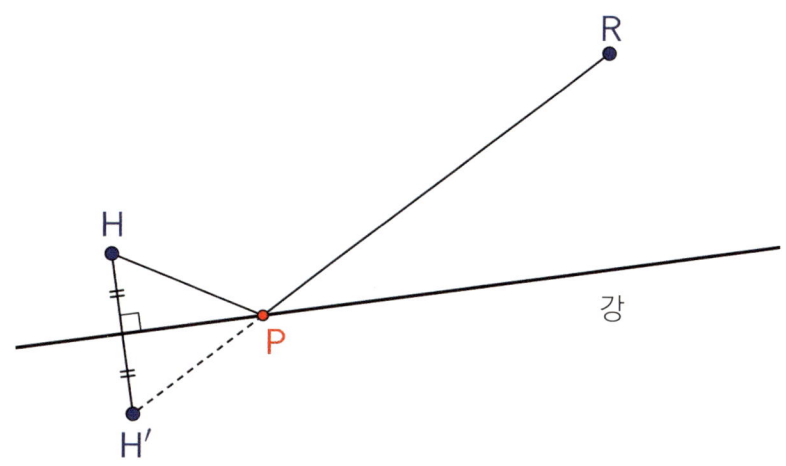

> 참고: 지오지브라 앱을 사용한 작도
> ① 강을 대칭축으로 설정하고 점 H를 선대칭이동한 점을 H′이라 한다.
>
> 선대칭 도구 선택 →직선→H(선택)→선대칭점 H′ 작도.
>
> ② H′과 R을 연결한 선분과 강과 만나는 점이 조건을 만족하는 점 P이다.
>
> 선분 도구 선택→선분H′R 작도→교점 도구 선택→P작도.

1-2. 이때 $\overline{HP} + \overline{PR}$ 이 최소가 되는 이유

위의 1-2 답 그림에서 H, H′이 직선에 대해 선대칭이므로 직선(강)은 선분 HH′의 수직이등분선이다. 따라서 직선(강) 위의 임의의 점 P에 대하여 $\overline{HP} = \overline{H'P}$이고, $\overline{HP} + \overline{PR} = \overline{H'P} + \overline{PR}$이다. 즉 목동이 걷는 경로 H→P→R의 거리는 H′→P→R을 따르는 거리와 같다. 그런데 H′에서 R에 이르는 최단 경로는 선분이므로 점 P가 선분 H′R 위에 있을 때, 즉 선분 H′R과 직선의 교점을 P로 잡을 때 $\overline{HP} + \overline{PR}$이 최소이다.

활동 2. 심부름

2-1. P를 끌어 최단 경로 찾음. 최단거리는 약 13.32(오차 허용).

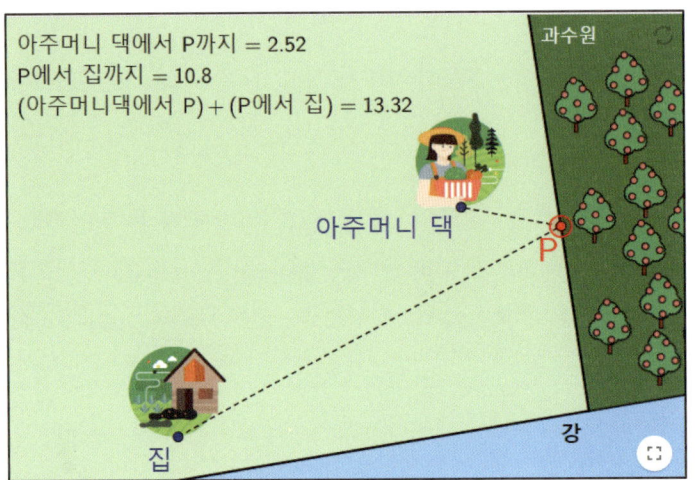

- P의 작도 방법:
① 과수원길을 대칭축으로 A의 대칭점 A'을 구하고
② A'과 집 H를 연결한 선분 HA'과 과수원길의 교점을 P로 한다.

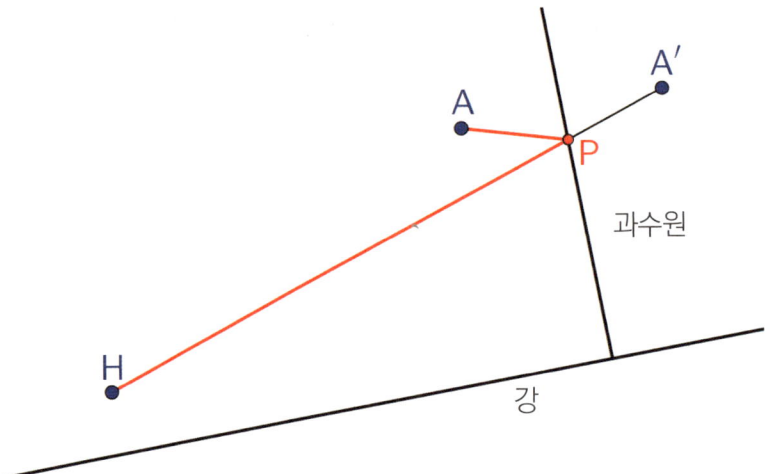

2-2. $\overline{AP} + \overline{PH}$ 값이 최소가 되는 이유: 1-2와 동일함.

2-3. 점 P, Q를 끌어 최단경로를 찾음. 최단거리 약 14.4(오차허용).

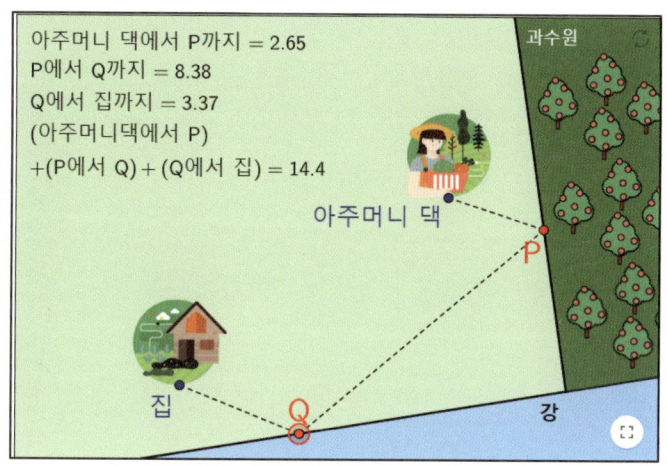

• P, Q를 찾는 방법
① 강을 대칭축으로 설정하고 점 H를 선대칭이동한 점을 H′이라 한다.
② 과수원길을 대칭축으로 하고 A를 선대칭이동한 점을 A′이라 한다.
③ 선분 A′H′과 두 대칭축과의 교점이 각각 P, Q가 된다.

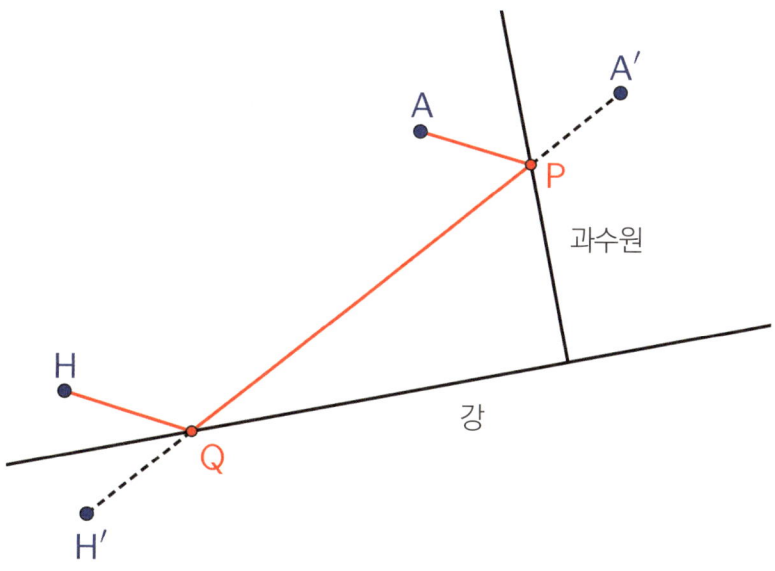

2-4. 최단 경로(거리가 최소)인 이유:

P, Q는 선대칭인 도형의 대칭축이 되므로 그림에서 $\overline{AP} = \overline{A'P}$, $\overline{QH} = \overline{QH'}$이다. 그러므로 진영이가 걷는 경로 A→P→Q→H의 거리는 A′→P→Q→H′과 같다. 그런데 A′, H′은 고정되어 있고 A′→P→Q→H′이 최단경로가 되려면 네 점이 일직선 위에 있어야 한다. 그러므로 P, Q가 선분 A′H′ 위에 있도록 선분 A′H′과 대칭축과의 교점을 각각 P, Q로 잡으면 된다.

2-5. [Moving UP] 같은 문제에서 답이 달라질 수 있는 조건(예시).
- 두 집이 들판이 아니라 사람이 다닐 수 있는 길이 따로 나있는 경우
- 사과 양이 많아 혼자 들고 가기에 너무 무거운 경우
- 과수원 또는 강에 접근할 수 있는 지점이 제한되어 있는 경우